空気のはなし

科学の眼で見る日常の疑問

稲場秀明 著

技報堂出版

まえがき

「風はなぜ吹く？」,「空はなぜ青い？」,「フォークボールはなぜ落ちる？」,「太鼓を叩くとなぜ音が出る？」などと聞かれると，私たちはどこまで答えられるでしょうか．

これらは，いずれも空気が関与している問題です．本書は，このような日常のちょっとした疑問や普段何気なく見過ごしている問題を，科学の眼で見ることを意図して書いたものです．ところが，日常の身近な現象は，簡単なようで，説明が困難である場合が多いようです．本書は，そのような現象に対する説明をなるべくわかりやすく，高校生程度の知識でわかるように，なおかつなるべく原理にまで遡って解説することを試みました．

私たちは空気に依存し空気の中で生活していますが，空気は見えないことから日常生活の中でそれを意識することはあまりありません．私たちは呼吸で酸素を取り入れて生命活動に使っていますが，地球ができた当時は酸素がほとんどありませんでした．地球に酸素をもたらしたのは，藻類などが太陽光を利用して光合成を行ったためです．水と二酸化炭素から炭水化物を合成して酸素を放出し，30 億年以上の長い年月をかけて今の空気組成になったと考えられています．したがって，私たちが呼吸している酸素の元は地球上にあった水を光合成生物が分解して得られたものです．

動物は動くので多くのエネルギーを使いますが，そのエネルギーは食物を呼吸による代謝の作用によって得ています．そのため，動物は口，鼻，気門から空気を取り入れ，気管，肺，気嚢，血液の流れによって細胞レベルに至るまで酸素を身体の隅々にまで運ぶシステムを発達させました．陸に棲む動物は空気を直接吸入しますが，水中に棲む魚類は水に溶けた空気を鰓で取り入れて呼吸しています．動物だけでなく植物も生きていくにはエネルギーが必要で，光合成で得たグルコースを呼吸によって分解して利用しています．

生物にとって空気はなくてはならぬものですが，最近その空気が汚れてきています．化石燃料の大量使用によって発生するPM2.5，SOx，NOxなどの有害浮遊物によって健康を害する人が出てきています．化石燃料は私たちの生活にとってなくてはならぬものですが，その使用にあたり有害成分濃度を減らす必要に迫られています．さらには，化石燃料の大量使用によって空気中の二酸化炭素が増えて地球が温暖化していると言われています．それによると考えられる海面水位の上昇や異常気象が観測され，生態系や人類の活動への悪影響が懸念されています．

私たちが住む地球には至る所に水と空気があり，太陽の光が降り注いでいます．水と空気と太陽，この組合せが様々な気象現象を生み出します．海に太陽の光が当たると水蒸気が発生し，湿気を含んだ空気が上昇気流となって上空まで持ち上げられます．上空で冷やされた空気は雲となり，水滴，氷の粒，雪片を生じ，雨，雪，雹（ひょう）となり地上に落下します．発達した積乱雲では上昇気流と下降気流が発生し，空気の流れは乱流となり，時には竜巻などの突風が発生します．

風は空気の疎密によって発生しますが，乱流となった空気の流れは渦を伴います．飛行機，鳥，昆虫が空を飛ぶのは空気の疎密が関与していますが，それぞれの飛び方が違うのは，渦を伴う乱流への対処または利用の仕方の違いにあります．球技でボールに回転を与えると，思う方向または思わぬ方向に変化する理由も空気の疎密と渦を伴う乱流が関与しています．

私たちは話したり他人の声を耳で聞いたりして人とのコミュニケーションをとっていますが，空気がなければ音は伝わりません．その声を聞けば誰の声かわかりますが，口から喉の奥までの共鳴腔の形がその人固有の形をしているからです．楽器の音色も楽器固有のものがあり，私たちはそれを空気の疎密波の形から判断しています．

本書は疑問形で書かれた問題に関して解説されていますが，始めから順に読み進めても良いし，関心がある話題について拾い読みしても良いようになっています．したがって，どこから読み進めても結構です．また，解説の終わりには「まとめ」が数行で書かれています．疑問形で書かれた問題に関する回答を自分で考えて「まとめ」を読んで比較するのも良いし，解説を読んで自分が理解した内容を「まとめ」と比較してみるのも良いかも知れません．

若者の読書離れ，理科離れが言われる今日，日常の何気ない現象に目をとめ，「なぜ？」という疑問を持つこと，そして子どもが発信してくる疑問に大人が答えることができることが求められます．その答え方次第で子どもたちは自然や身近で経験する現象に対する関心を深め，好奇心を広げ，世界の広がりと奥深さを感ずるに違いありません.

「科学の眼で見る日常の疑問」という視点は，筆者が千葉大学教育学部に勤務し始めた当初から教員を目指す学生に求めた視点でした．当時の稲場研究室に属した学生諸君の一部には卒論でも自ら疑問を見出し，それについて調べて発表してもらいました．本書を出版することができたのは，当時の研究室での議論や実験室での実験を通した問題意識が基礎になっています．当時の共同研究者であり，現在千葉大学教育学部准教授の林英子さんおよび当時の学生諸君に感謝したいと思います．本来なら本書を千葉大学の定年退職後それほど時間を置かずに出版したいと考えていました．ところが，定年になる少し前に次女を亡くし，その後，筆者が原因不明の病気になったため出版を諦めていました．その後数年間のリハビリを経て好きなテニスができるまでに回復し，今回ようやく念願の出版が可能となったことは大きな喜びです．

本書の出版を認めてくださった技報堂出版(株)編集部長の石井洋平氏および直接編集に携わってくださり有益な助言を頂いた同社編集部の小巻慎氏に深く感謝したいと思います．

本書は，筆者の孫である三浦隆明君および稲場咲樹美ちゃんに捧げたいと思います．この4月に，隆明君は中年生，咲樹美ちゃんは3才になる予定ですが，二人を日本の将来を担い21世紀後半を生きるであろう少年少女の代表とさせて頂きたいと思います．

2016年3月

稲場　秀明

著者紹介

稲場　秀明（いなば ひであき）

1942年　富山県生まれ
1965年　横浜国立大学工学部応用化学科卒業
1967年　東京大学工学系大学院工業化学専門課程修士修了
同　年　ブリヂストンタイヤ(株)入社
1970年～　名古屋大学工学部原子核工学科助手，助教授を経る
1986年　川崎製鉄(株)ハイテク研究所および技術研究所主任研究員
1997年　千葉大学教育学部教授
2007年　千葉大学教育学部定年退職，工学博士

主な著書
氷はなぜ水に浮かぶのか－科学の眼で見る日常の疑問，丸善，1998年
携帯電話でなぜ話せるのか－科学の眼で見る日常の疑問，丸善，1999
大学は出会いの場－インターネットによる教授のメッセージと学生の反響，大学教育出版，2003年
反原発か，増原発か，脱原発か—日本のエネルギー問題の解決に向けて，大学教育出版，2013年

趣味：テニス
千葉市花見川区在住

目　次

第1章　空気とはどんなもの

‥ 1話　空気は何からできている？ ‥

古代ギリシャでは，空気は気，土，火，水の4つの元素の一つとされていた．この考え方は中世および近代の始めまで受け継がれていた．18世紀になって，ようやくラヴォアジエが，空気は酸素と窒素の混合物であることを示し，空気を元素とは考えなくなった．

私たちは空気に依存し，空気の中で生活しているが，日常生活の中でそれを意識することはあまりない．空気は常に身の回りにあり，なくてはならない存在であることの例えから，ごく親しい仲を「空気のような」と表現することもある．

空気は，地球の大気圏の最下層にある気体のことを言い，無色透明で，複数の元素からなる気体の混合物である(**表1**)．その他に水蒸気が含まれ，地球全体の平均では約0.4％である．その量は時と場所により大きく変動し，一般的に空気の組成は**表1**のように水蒸気を含まない乾燥空気の形で示されることが多い．

空気の中で人間や生物にとって最も重要なのは酸素で，この元素がないと呼吸できない．この酸素と窒素だけで全体量の99％近くを占めている．その次に多いのがアルゴンの0.934％である．

二酸化炭素(炭酸ガス)は，植物の光合成には必須の気体で，その量はたったの0.035％しか含まれない．しかし，18世紀にはその濃度は0.028％，20世紀の半ばには0.03％で，それが増え続け0.035％になり，現在の地球温暖化をもたらしつつあるとして問題となっている．

二酸化炭素以外の微量の気体も人間や生物が生存していくのに重要な影響を与えているものがある．例えば，メタンガスは，二酸化炭素とともに温室効果ガスとしてその増加が懸念され，硫黄酸化物や窒素酸化物は，健康被害を与えるガスとして排出が規制されている．また，オゾンは，プラスチックやゴム等を劣化させるとして問題となっているが，逆

表1　空気の組成

成　分	化学式	体積(％)
窒素	N_2	78.084
酸素	O_2	20.9476
アルゴン	Ar	0.934
二酸化炭素	CO_2	0.035
ネオン	Ne	0.001818
ヘリウム	He	0.000524
メタン	CH_4	0.000181
クリプトン	Kr	0.000114
二酸化硫黄	SO_2	0.0001
水素	H_2	0.00005
一酸化二窒素	N_2O	0.000032
キセノン	Xe	0.0000087
オゾン	O_3	0.000007
二酸化窒素	NO_2	0.000002

に上空10～50 kmの成層圏でのオゾン濃度が減ると太陽からの紫外線量が増える．それが白内障や皮膚がんの原因となり，その動向が注視されている．

また，**表1**にない気体を無視していいかと言えば，そうではない．極微量でも問題となる気体にフロンガスがある．フロンにはいくつかの種類があるが，そのいずれもが成層圏にあるオゾン層を破壊する．そのため太陽からの紫外線が増える原因となり，その使用は禁止されている．しかし，今まで放出されたものがあるため，この問題は解決していない．

さらに，空気中にはエアロゾルという液体や固体の粒子状物質が空中に浮遊している．エアロゾルを空気の中に含めない人もいるようであるが，定義の問題は別として現に空気中に存在し，人間や生物の生活に多大な影響を与えている物質を無視することはできない．エアロゾルの微粒子のサイズは，10 nm（1 nm = 10^{-9} m）程度から1.0 mm程度まで様々で，気象分野では，各種の塵，雲の凝結核，太陽光放射，火山爆発等に関連していて，もとから重要な研究対象である．今日では，地球温暖化やオゾン層破壊等，大気環境問題でも重要な要因として注目されている．エアロゾルの種類は，固体の煙や粉塵，微小な液滴粒子，硫黄酸化物等の有害物質，大気中に浮遊する粒子状物質で粒径が10 μm以下のもの，大気中のガス状物質が光化学反応等によって粒子状物質に転換したもの，花粉や胞子等がある．中国等で問題となっている大気汚染物質のうち，PM2.5と呼ばれる粒径2.5 μm以下のエアロゾルが呼吸器への害が大きいと言われている．

まとめ　空気は地球の大気圏の最下層にある気体である．主成分は窒素約78 %，酸素約21 %で，残りの大部分はアルゴン等の稀ガスである．人間にとって酸素は重要な気体で，酸素がないと呼吸ができない．二酸化炭素は植物の光合成には必須の気体だが，0.035 %しか含まれていない．しかし，近年，その濃度が増加していており，その温室効果による地球温暖化が懸念されている．空気中にはエアロゾルという粒子状物質が浮遊している．エアロゾルは気象に影響を与え，また健康被害を与える物質としても注目されている．

‥　2話　空気はどうして見えない？　‥

空気は，小さい原子や分子から構成されている．99％を占める窒素と酸素では，窒素の分子がN_2と表記され，N-N 間の結合距離は0.11 nm，酸素の分子がO_2と表記され，その結合距離は0.12 nmである．大きく想定しても1個の分子は半径0.2 nmの球の中にすっぽりと収まる．人間の眼はよほど見える人でも半径2 μmの球状のものを見るのは困難で，1万倍以上もの開きがあり，とても見ることができる大きさではない．

さらに，**表1**にある窒素，酸素以外の元素や分子でも半径0.2 nmの球の中に収まる大きさである．フロンの種類によっては0.2 nmよりわずかに大きいものもあるが，誤差の範囲である．エアロゾルの種類によっては私たちの肉眼で見えるものもある．スギやヒノキ花粉は20～40 μmの大きさなので，地上で採取したものは見ることはできるが，普通，空気中に浮遊している状態では見ることは困難である．

空気の分子を直接見ることは不可能であるが，空気の存在を間接的に見ることはできる．水槽に水を半分ぐらい入れ，スポンジたわしを軽く持って静かに水槽の底の方まで沈め，次にスポンジたわしを強く握り押し潰す．すると，泡がたくさん出てくる．これはスポンジたわしの中にあった空気の泡で，下から出て上方に行き，水面で空気中に出て行く．泡が上方に行く理由は，深い所ほど水圧が高く，浮力が空気の泡に働くためである．

空気の分子は小さいだけではなくて，ものすごい速さで飛び回っている．**表2**に気体分子の25℃における平均速度を示しいる．この表を見ると，軽い気体ほどその平均速度が速いことがわかる．また，一般に温度が高いほど気体の速度は速くなる．例えば，窒素の平均速度は475 m/秒で，時速300 kmで走る新幹線の速度(83 m/秒)に比べて数倍も速いことがわかる．しかし，空気の分子はこの速度でずっと飛べるわけではない．1気圧(1,013 hPa)の条件では1cm^{3}当たり2.7×10^{19}個の分子が含まれているので，ある距離進んだところで他の分子と衝突する．ある距離とは，ある程度幅があるが，1,013 hPaの条件では平均で68 nmである．この衝突から衝突ま

表2　気体分子の25℃における平均速度

気体分子	平均速度(m/秒)
水素	1,770
窒素	475
酸素	444
二酸化炭素	379
メタン	628

での間に進む平均距離のことを平均自由行程と言う．平均自由行程は，空気の圧力が小さくなると長くなり，0.01hPa の真空中では 1 cm となる．**図 1** に空気の分子の大きさと運動の様子等を示す．

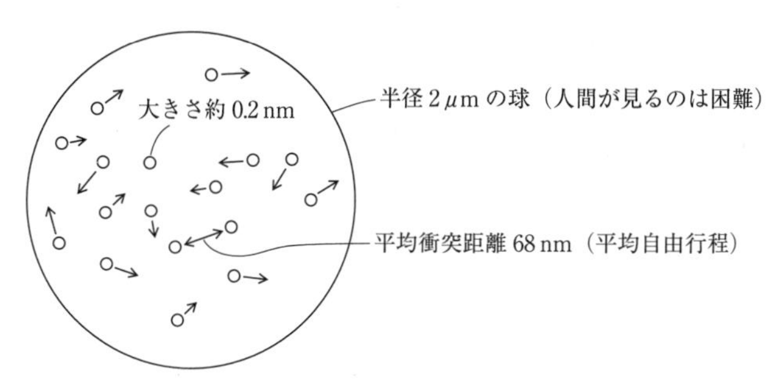

図 1　空気の分子の大きさと運動の様子

空気中の原子分子がどうのように動いているかを知る間接的な方法がある．気体分子が動いている証拠は，空気中の煙の微粒子を顕微鏡で見ると，煙の微粒子が絶えず不規則に動き回っていることがわかる．これは，周囲の気体分子が絶えず不規則に煙の微粒子に衝突するためで，煙の微粒子はあちこちに揺り動かされ不規則な動きをする．このような分子の運動を熱運動（ブラウン運動）と言う．

ま と め　空気の分子は，かなり大きく見積もっても半径 0.2 nm の球の中にすっぽりと収まる．眼がよほど見える人でも，半径 2 μm の球状のものを見るのは困難で，1 万倍以上の開きがあり，とても見える大きさではない．そのうえ，空気は新幹線より数倍速い速度で動き回っており，見ることは不可能である．空気の動きを間接的に見る方法には，顕微鏡の視野下で煙の微粒子を観察する方法がある．

‥　3話　空気の存在をどう確かめる？　‥

厳冬期を除けば，外に出て風が吹いていると，木の葉が揺れて，涼しく感じることがある．また，暑い日にうちわを扇ぐと，涼しく感じる．空気の疎密によって空気の流れが作られ，間接的に空気を感じることができる例である．

水槽に水を張り，コップを逆様に真っ直ぐ水槽に入れると，コップには空気が入っているので，水槽に入れても水は入ってこない．そのことを確かめるため，コップの中に薄い木の板を入れ，水に浮かせておく．コップを水中に押し込むと，水面が下がり，木の板も一緒に下がる．この場合，コップの中の空気の圧力は，コップを水槽に入れる前と後とでほとんど変わらないため，水槽の水はコップの中に入ってこない．空気は水中にほんのわずか溶けるが，それは無視できるくらい小さい．コップを押し込んだ状態で少し傾けてみると，コップの底の方から泡が出てくる．これは空気の泡で，コップを水面に対して垂直の位置に戻すと泡が止まり，木の板の位置はコップの中ほどの位置になる．これは，木の板が上方に移動した分だけの体積が泡となって抜けた空気の量であることを示している．お風呂で洗面器を逆様にして水中に沈めるのも同じことで，この場合には，沈めるのにずいぶん力が要るのは，洗面器に浮力が働くためである．この空気の入った洗面器を水中で傾けると，空気の泡が出てきて水が洗面器の中に入ってくる．

水をストローで飲むと，当然のことだが，ストローを水の中に入れ吸うことができる．その場合，ストローの周りと，中の水面は同じ高さである．コップの水には何の力も働いていないように思えるが，重力と大気圧が働いている．水は重力によって下に引っ張られ，周囲からは大気圧で押されている．ここでストローの中の空気を吸い出すと，空気の量は減ることになるが，ストローの形は変わらないので，空気の量が減った結果，気圧が下がり，ストローの周りと内部に圧力差ができる．ストロー内部の気圧が低くなり，その分だけ水が吸い上げられ，水が口元まで上がってきて飲めることになる．スポイトで水を吸うのも同じ原理である．

身をもって空気を感じられるのは，自転車タイヤチューブに空気を入れる時かも知れない．ハンドルを押し下げる時には力が必要で，空気を圧縮するのが感じられるし，自転車のタイヤが膨らむのを見ることができる．自転車の空気入れの断面図を**図2**に示す．ハンドルを引き上げる時は，図の左側のように筒と弁の隙間が空いて，上部の空気が下部に入る．ハンドルを押し下げる時は，図の右側のように筒と弁の隙間が閉じ，下部の空気が圧縮される．図ではタイヤチューブ側への接続部分は省略してあるが，筒内の圧力は高く，チューブに空気が入る．それを繰り返すことでタイヤチューブ内の空気がどんどん加圧されていく．タイヤチューブ側のバルブ内側には虫ゴムが入っていて，逆流防止の役割をしている．空気を圧縮するのに力が要ることの説明には，熱力学第1法則の

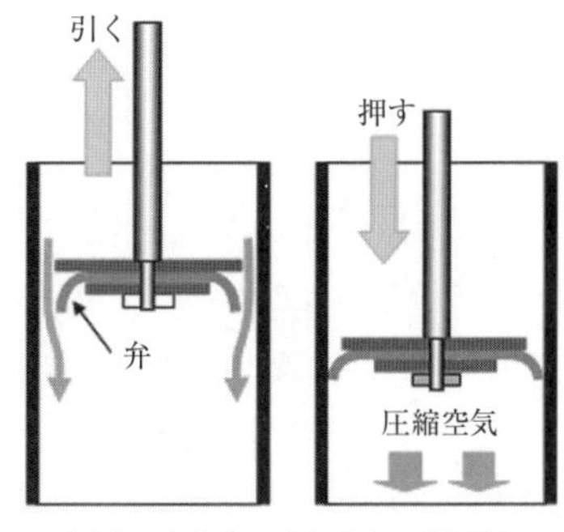

図2　自転車の空気入れの断面図

$$\mathrm{d}W = -P\mathrm{d}V \tag{1}$$

の式が使われる．ここで，Wは気体に対してなした仕事，Pは気体の圧力，Vは気体の体積である．

空気の圧縮が式(1)のように示される現象を断熱圧縮と言い，仕事によって気体に与えられた熱エネルギーを外部に放出する時間がないため，熱の発生を伴うことになる．熱の発生は，タイヤの部分が温かくなっていることを指で触って確認することができる．

まとめ　空気は直接見ることはできないが，うちわで扇ぐと涼しく感じるなど，間接的に空気の存在を感じることはできる．水槽に水を張ってコップを逆様に真っ直ぐに入れると，コップには空気が入っているためコップに水が入ってこない．コップを傾けると，空気が出てきて泡が出る．また，ストローでジュースを飲む時，空気の動きによる気圧の差を利用している．自転車のタイヤチューブに空気を入れる時，空気を押し込んで圧縮する力が要り，空気の存在を感じることができる．

‥　4話　空気の重さは？　‥

空気は見えないので重さがないように思えるが，空気にも重さはある．最初に空気の重さを量ったのはイタリア人のガリレオ・ガリレイで，大きなガラスビンの中にポンプで空気を押し込み，ガラスビンの重量を量った．自転車タイヤに空気を入れるのと同じ方法であった．そして，ガラスビンの口を開けたところ，押し込んだ空気の一部が逃げ出しビンの重量が軽くなった．ガリレイは，この方法を工夫し空気の重さが水の約400分の1であることを見出した．その後，もっと精密な測定によって，空気の重さは水の約773分の1という結果が得られている．

ここで問題であるが，水1Lの重さと空気1 m^3 の重さはどちらが大きいであろうか．

1 m^3 は1,000 Lなので，先の結果から，当然，空気1 m^3 の方が1Lの水より重いことになる．これは私たちの直感からは意外に思われるかもしれない．意外と空気は重いのである．

ガリレイの方法をさらに推し進めたのが同じくイタリア人のトリチェリである．彼は一方の端を塞いだ長いガラス管に水銀を満たし，それに空気が入らないように水銀だめの容器の中に開いている方の口を逆様に突っ込んだ結果，水銀は少し下がって液面から76 cmの所で止まった(**図3**)．空気が入らないようにしたので，水銀の上には空気はないはずである．この現象は，後にトリチェリの真空と呼ばれるようになった．なぜ水銀は76 cmの所で止まったのであろうか．トリチェリは，これを私たちの上空の空気全体の層の重さによって水銀が押し上げられたためと説明している．ガラス管の断面を1 cm^2 とすると，水銀の密度13.6 g/cm^3 と76 cmとの積1.033 kgの力で水銀を押し上げていることになる．また，水銀柱の高さが日々微妙に変化することも発見している．さらに，当時でも，井戸水等をポンプでは水面から10 m以上は汲み上げることができないということがわかっていた．ト

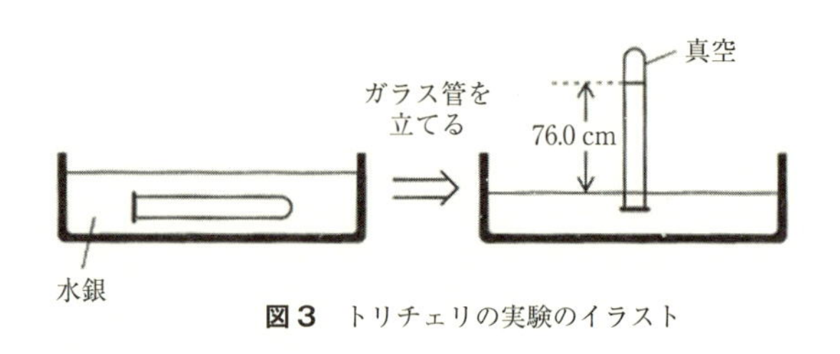

図3　トリチェリの実験のイラスト

リチェリの実験によって，空気の圧力と釣り合う水柱の高さは 10.33 m であることがわかり，この疑問も解決することができた．この結論，つまり私たちの頭上にある空気の重さは，積み重なって 1 cm^2 当たり 1.033 kg になるということは 17 世紀の人々にとって信じがたいことであった．しかし，トリチェリの結論が正しければ，高い山で同じ実験をすれば，水銀柱の高さが減るはずである．フランス人のパスカルは，そのことを実験で確かめている．

空気の重さは，温度や気圧によって変わる．乾燥した空気 1 L の重さは，0 ℃，1 気圧（1 atm）の時 1.293 g である．1 L で 1.293 g というと一見小さいようであるが，空気は上空に数 10 km も積み重なることで，地表付近の空気には大きな重さ（圧力）が掛かることになる．1 気圧は 1.033 kg 重 /cm^2 なので，地表では 1 cm^2 当たりおよそ 1 kg 重の力が加わっていることになる．

空気の重さを手軽に量る方法がある．炭酸飲料を入れるペットボトルにポンプ式キャップで空気を詰め込み，その重量増と詰め込んだ余分の空気の体積から空気の重さを量ることができる．ポンプ式キャップはスーパー等で売っているし，測定にはデジタル天秤等を使う．始めに 1.5 L の炭酸飲料用のペットボトルの重量を量り，次にポンプ式キャップで空気を詰められるだけ詰め，重量を量る．その次に水槽に水を張り，空気を詰め込んだペットボトルを水中に逆さに入れ，水を入れた計量カップの中に空気を移し，その体積を量る．

ま と め　ガリレイは，ガラスビンにポンプで空気を押し込み，それを開放して空気の重さを量ったが，測定精度は高くなかった．トリチェリは，一方の端を塞いだ長いガラス管に水銀を満たし，水銀だめの中に開いている方の口を逆様に突っ込む方法で空気の重さを量った．乾燥した空気 1 L の重さは，0 ℃，1 気圧（1 atm）の時，1.293 g である．空気 1 m^3 の重さは 1.293 kg で，水 1 L の重さ 1 kg よりも重い．

‥　5話　空気の成分はどんな性質を持つ？　‥

窒素は空気の約 78.08 %を占め，窒素分子（窒素ガス，N_2）は，常温では無味無臭，無色透明な気体で，とても反応しにくく安定した形で存在する．安定な気体なので，反応することを望まない場合によく用いられる．窒素ガスは，空気を液化したものを分留することで得られる［液体窒素温度（－195.8 ℃）］．窒素は，アミノ酸，タンパク質，核酸等の多くの生体物質中に含まれており，生物にとっての必須の元素である．窒素酸化物には一酸化窒素や二酸化窒素等があり，自動車や工場の排ガス等から排出される有害ガスとして知られている．

酸素は地球地殻の元素では質量が最も多く，47 %を占めている．酸素分子（O_2）は，無味無臭，無色透明な気体で，空気の 20.95 %を占めている．酸素は反応性に富み，ほとんどの元素と化合物を作ることができる．酸素分子が存在すると，可燃物が燃えやすくなる．また，酸素は多くの生物と人間の生命活動に必須な元素で，酸素がないと呼吸ができない．

オゾンは O_3 の分子式で表される．酸素は，地球上空で太陽からの紫外線を受けて原子状の酸素を発生し，さらに原子状の酸素と酸素分子が反応してオゾンを生成する．酸素やオゾンは，太陽からの紫外線を吸収する作用を持っている．とくにオゾンは熱力学的に不安定な分子で，紫外線からのエネルギーを吸収することで始めて存在することができる．

アルゴンは、空気中に3番目に多く含まれる無味無臭，無色透明な気体であるが，あまり知られていない．アルゴンという名前は，ギリシャ語の「なまけもの」という意味の言葉をもとにしてつけられている．しかし，そのいわれとなった他のどの物質とも反応しないという性質から，水銀灯・蛍光灯・電球・真空管等の封入ガス，ステンレス鋼を溶接する時の保護ガス，チタン精練，チタン入りろう材による加工，食品の酸化防止のための充填ガス等に利用されている．

ネオンとヘリウムは，アルゴンと同様に稀ガス元素と呼ばれ，他のどの物質とも反応しない気体である．

ネオンはガイスラー管に詰め放電すると橙赤色で光るため，ネオン管の封入気体として利用されている．また，声を変えたりするのに使われたり，浮かぶ風船の中にも入れられる．

ヘリウムは原子番号2で，水素に次いで軽い無味無臭，無色透明な気体で，宇宙での存在量も水素に次いで2番目に多い．ヘリウムは空気よりも軽いため，浮揚用ガスとして使われ，広告用バルーンや天体観測用気球，軍事用偵察気球等に使用されている．水素も浮揚用ガスとして使われるが，酸素と反応して爆発する危険がある．ヘリウムは燃えないため，安全なガスとして風船のガス等に広く利用されている．ヘリウムは沸点，融点ともに最も低い元素で，液体ヘリウムは他の超低温物質よりも低温となり，超伝導や低温学等の絶対零度に近い環境での研究が必要な分野において冷媒として使用されている．また，ヘリウム中では音速が空気中よりずっと速い(約1,000 m/秒)ため，ヘリウムを吸入してから発声すると，甲高い音色の奇妙な声が出る．これはドナルドダック効果と呼ばれ，パーティグッズ等に利用されている．ヘリウムには毒性はないが，酸素を混入していないヘリウムを吸入したことによる酸欠事故がまれに起こっている．このため，パーティグッズのヘリウム缶には酸素が20 %ほど含まれている．

二酸化炭素は，常温，常圧では無色，無臭の気体で，空気中に約0.035 %含まれている．常圧では液体にならず，－79℃で昇華凝縮して固体(ドライアイス)になる．水に比較的よく溶け，水溶液(炭酸)は弱酸性を示す．動物や人間の吐く息の中にあり，植物は二酸化炭素を吸収して光合成を行っている．二酸化炭素は炭酸飲料，入浴剤，消火剤等の発泡用ガス，また，冷却用ドライアイスとして広く用いられている．二酸化炭素は赤外線の波長帯域に強い吸収帯を持ち，地上からの熱が宇宙へと拡散することを防ぐ，いわゆる温室効果ガスとして働く．二酸化炭素の温室効果は，同じ体積当たりではメタンやフロンに比べ小さいものの，排出量が莫大で，地球温暖化の最大の原因とされている．二酸化炭素の濃度は，南極の氷床コア等の分析から，産業革命以前はおよそ0.028 %であったと推定されている．濃度増加の要因は，主に化石燃料の大量消費と考えられている．

まとめ　空気の主要な成分は，いずれも無味無臭の透明な気体である．窒素は安定で，反応性に乏しい．酸素は反応性に富み，ほとんどの元素と化合物を作る．酸素がないと呼吸ができず，動物の生命活動に必須である．アルゴン，ネオン，ヘリウムは稀ガス元素で，いずれの元素とも反応しない．二酸化炭素は人の吐く息の中にあり，植物は二酸化炭素を吸収して光合成を行っている．二酸化炭素は，温室効果ガスとして知られている．

・・　6話　空気の成分をどう測る？　・・

空気の成分は，原子や分子の種類によって重さが違うことを利用して，それらの種類を判別することができる．空気の各成分は，気体の重さの違いを質量分析計で量り，**7話**で述べるように各成分の沸点の差を利用して分離する．

質量分析計は，**図4**に示すように真空中のイオン化室に気体を導入し，電子銃で加速電圧 V を掛けて気体から電子を引き抜く．そうすると，原子や分子の電子を剥ぎ取られた気体は，プラスのイオン(荷電粒子)になる．イオン化した気体は，室の中を飛行する．その途中に扇型の磁石を置くと，飛行するイオンの経路は曲がる．イオンの価数を z，質量を m とすると，イオンは強さ B の磁場の中で $Bzev$ (v はイオンの速度，e は電子の電荷)の力を受け，半径 r の円運動をする．飛行しているイオンは，mv^2/r の遠心力を受け，これが磁場からの力と釣り合って，

$$mv^2/r = Bzev \tag{2}$$

という式が成立する．加速電圧 V でイオンの運動エネルギー $(1/2)\,mv^2 = zV$ という関係式を使って変形すると，

$$m/z = r^2B^2/(2V) \tag{3}$$

となる．したがって，イオンの曲がる程度は，イオンの質量と価数との比(m/z)によって変わることになる．イオン経路の出口側(コレクタ)にイオンを検出する装置を置くと，m/z の値によって検出する場所が違ってくるので，各イオンを分離検出できることになる．あらかじめイオンの濃度と検出強度との関係を求めておけば，定量することも可能である．

イオンの分析方法には，**図4**のような扇形磁場以外でも，四重極型，イオント

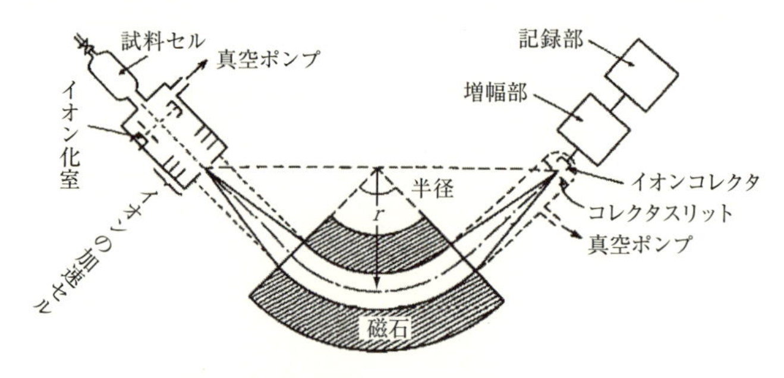

図4　質量分析計で空気の各成分を測る方法

ラップ型，飛行時間型と呼ばれる種々の方法が用いられている．

四重極型は，イオンを4本の電極内に通し，電極に高周波電圧を印加し，電圧を変化させて特定の m/z のイオンのみを通過させて検出部に送る分析法である．小型で比較的安価で高速走査ができるが，質量走査範囲が狭く，分解能もあまり良くないのが欠点である．

イオントラップ型は，イオンを電極からなるトラップ室に保持し，この電位を変化させることで選択的にイオンを放出することで分離を行う．比較的安価で分解能も高いが，定量性の低さが欠点である．

飛行時間型(TOF)は，イオン化した試料をパルス的(短時間に急速)に加速し，検出器に到達するまでの時間差を検出する．イオンが受け取るエネルギーは，電荷量が等しければ一定であるので，質量電荷比が大きいものほど飛行速度が遅くなり，検出器に到達するまで時間がかかることになる．この時間差を検出することで質量を割り出すことができる．原理上，測定可能な質量範囲に制限がなく，また高感度である．

質量分析は分析感度が高く，空気中の主要な成分だけでなく，空気中の微量成分であるフロン，ベンゼン，トルエン等の揮発性有機化合物(VOC)の微量分析にも使われている．

ま と め　空気の成分は，その原子または分子の種類により重さが違い，質量分析計により原子または分子の種類による重さの違いを検知し，その組成を決定する．質量分析計は，イオン化した気体が飛行する途中に磁場により曲げられ，その程度が気体の質量により決まることを利用している．イオンの分析方法は，扇形磁場以外でも，四重極型，イオントラップ型，飛行時間型と呼ばれる種々の方法が用いられている．

‥ 7話　空気が液体や固体に？ ‥

気体は，一般に分子や原子の大きさが小さく，分子は自由に運動している．そのため，気体を容器に閉じ込めないと，飛んでいってしまうことになる．分子間に働く力がゼロの気体を理想気体と呼ぶ．理想気体では，どんな条件においても液体や固体にならない．感覚的には空気も理想気体のように錯覚しがちだが，実際はそうではない．

空気等の実在の気体では，分子間にファンデルワールス力と呼ばれる引力が働いている．実在の気体は，電荷が中性で無極性な分子であっても，分子内の電子分布はいつも対称ではない．瞬間的に非対称な電子分布となり，これによって生じる電気双極子(双極子モーメント)が周りの分子の電気双極子と相互作用することにより凝集力を生じる．このように動的に形成される双極子同士の引力を分散力と言う．その分散力はファンデルワールス力の主要な成分である．その位置エネルギーは分子間距離の6乗に反比例するので，かなり分子が接近しないと引力としての力が働かない．

空気は，温度を下げたり，圧力を加えたりすると，液体や固体になる．空気の温度を下げると，どうして液体になるのか．

アルゴンの場合を例に考えてみる．アルゴンの原子番号は18で，電子も同じ数の18個持っている．18個の電子は外部の原子と結合を作らない．それは化学結合を作らないという意味で，外部の原子と相互作用をしないということではない．容器の中のアルゴンの気体を想定する．容器の温度を下げると，アルゴン原子の運動が緩やかになり，アルゴン原子間の距離は小さくなる．それでアルゴン原子間にはファンデルワールス力の引力が支配的になり，－188.8℃になると，アルゴン原子同士が凝集して液体になる．分散力は瞬間的には非対称な電子分布による相互作用であるので，原子の持っている電子数が大きいほど大きくなる．そこで，空気の構成元素であるヘリウム，ネオン，アルゴン等の稀ガス元素の沸点と融点を**表3**に絶対温度(K)で示す．摂氏(℃)での値は，ヘリウムに例をとれば，沸点は273.15を引いて－268.93(℃)となる．**表3**から，稀ガス元素の原子番号が大きくなるにつれて，つまり電子数が大きくなるにつれてファンデルワールス力が大きくなり，原子間引力が大きくなって沸点と融点が高くなったと考えられる．

一方，窒素の沸点は－195.8℃，融点は－210℃である．また，酸素の沸点は－

183℃（90K），融点は－218.9℃（54.3K）である．窒素も酸素も電気的には中性の分子であるが，稀ガス元素と同様にファンデルワールス力が働き，液体や固体になる．液体窒素は，比較的手軽に－195.8℃の低温が得られる物質である．

表3　稀ガス元素の沸点と融点

稀ガス元素	原子番号	沸点(K)	融点(K)
ヘリウム	2	4.22	0.95
ネオン	10	27.1	24.48
アルゴン	18	84.35	83.85
クリプトン	36	120.25	116.49
キセノン	54	166.05	161.25

液体窒素は手軽に扱えるので，寒剤としてよく利用されている．液体窒素を500 mLのビーカーに入れておくと室温で蒸発するが，30分程度は液体のままなので使える．そのため，液体窒素を使って小中学校生向けの理科実験がよく行われる．例えば，ソフトテニスのボールを液体窒素に浸けるとボール表面が凹む．これは内部の気体が収縮して圧力が下がったためである．その状態でボールを箸でつまんで床に落とすと，花瓶が割れるようなガシャという音がして破れる．テニスボールがゴム状態からガラス状態になったためである．しばらくして破片を拾い上げると，再び弾力性のあるゴム状態になっていることが確認できる．液体窒素は低温の物性測定等に使われている．

液体空気は，圧縮された気体を低圧にすると温度が下がる断熱膨張という原理を利用して作られる．この断熱膨張をジュール-トムソン効果と言う．まず，空気を高圧に圧縮すると，この時熱が発生する．冷却してから圧力を下げると，気体が冷却されて液体になる．液体空気を蒸留により酸素，窒素，アルゴン等に分ける．

また，二酸化炭素は，常温，常圧では無色，無臭の気体で，空気中には約0.035％含まれている．二酸化炭素を冷やしても常圧では液体にならず，－79℃で昇華凝縮して固体（ドライアイス）となる．ドライアイスは保冷剤として用いられている．

まとめ　気体の分子間に働く力がゼロの場合，理想気体と呼ばれ，どんな条件でも液体や固体にならない．空気等の実在気体は，どんな分子であっても相互作用があり，ファンデルワールス力と呼ばれる引力が生ずる．ファンデルワールス力による凝集力のため，空気を冷却したり，圧力を掛けたりすると，凝集して液体や固体になる．窒素の沸点は－195.8℃，融点は－210℃，酸素の沸点は－183℃，融点は－218.9℃である．

第２章　地球と空気

‥　8話　地球ができた時から空気は今のようだった？　‥

地球が誕生した46億年前頃の原始大気は，主にヘリウムと水素からなり，水蒸気も含まれており，その温室効果で高温，高圧であったようである．現在の太陽の大気と似た成分である．しかし，これら軽い成分は，原始太陽の強力な太陽風によって数千万年のうちにほとんどが吹き飛ばされてしまったと考えられている．やがて，太陽風は太陽の成長とともに次第に弱くなっていく．

その頃には，地表の温度が低下したことで地殻ができ，地殻上で多くの火山が盛んに噴火を繰り返し，二酸化炭素とアンモニアが大量に放出されていた．水蒸気と多少の窒素も含まれていたが，酸素は存在していない．この原始大気は，二酸化炭素が大半を占め，微量成分として一酸化炭素，窒素，水蒸気等が含まれ，現在の金星の大気に近いものであったと考えられている．100気圧程度という高濃度の二酸化炭素の温室効果により，地球が冷えるのを防いでいたと考えられている．

太陽系の始まりは，地球を含め全部同じで，地球も火星も金星も，最初の組成は同じであった．しかし，現在の大気の組成を見ると，**表4**のように地球だけ違っている．

表4　地球, 火星, 金星の大気

	地　球	金　星	火　星
窒素	78.084 %	1.8 %	2.7 %
酸素	20.946 %	—	—
二酸化炭素	0.035 %	98.1 %	95.3 %
大気圧	1 気圧	90 気圧	0.006 気圧

では，なぜ地球だけ大量にあった二酸化炭素がほぼ消失し，酸素が新たに現れたのか．これには，地球だけが液体の水を大量に含む環境にあったことと，そのような環境から生まれた生物の誕生をその大きな要因として挙げることができる．

海洋は，古い変成岩に含まれる堆積岩の痕跡等から，40億年前頃に誕生したとされている．海洋は，原始大気に含まれていた水蒸気が火山からの噴出と温度低下によって凝結し，雨として降り注いで形成された．初期の海洋は，原始大気に含まれていた亜硫酸や塩酸が溶け酸性であったものが，陸地の金属イオンが雨とともに流れ込んで中和されていった．中和されると，二酸化炭素が溶解できるようになり，大気中から海へと溶けていった．海の中には地中に含まれるカルシウムも流れ込んでおり，二酸化炭素が海水中でCa^{2+}と結び付いて石灰岩($CaCO_3$)となり沈殿した．この繰返しによって大気中から二酸化炭素は徐々に減っていくことになる．

地球に酸素が誕生したのは，今から約35億年前であると言われている．始めて酸素をもたらしたのは，海中に棲むラン藻植物で，紫外線がほとんど届かない深さ10 m程度の海中に棲み，光合成により酸素を作り，海の中へ放出していた．さらに，二酸化炭素が生物の体内に炭素として蓄積されるようになり，長い時間をかけて過剰な炭素は化石燃料，生物の殻からできる石灰岩等の堆積岩といった形で固定されていった．やがて，ラン藻が放出した酸素で海の中がいっぱいになり，放出された大量の酸素は当時の海水に多量に含まれていた鉄イオンと結び付き，酸化鉄になった．それらは海底に鉄鉱石を作り，海中の鉄イオンが減ってくると，余った酸素が大気中に放出されることとなった．大気中の酸素は，初期の生物の大量絶滅とさらなる進化を導くことになる．

約4億年前，生物の進化において大きな出来事が起こった．大気中の酸素が紫外線による反応でオゾン層を形成したのである．紫外線は，生命が子孫を残すために欠かせない遺伝物質DNAを破壊する．オゾン層の生成により地表では紫外線が減少し，生物が陸上に上がる環境が整った．

その後，地球上に現れた細菌や藻等の光合成生物が太陽光を利用し，二酸化炭素を吸収して炭水化物を合成し，大量の酸素を放出し，長い年月をかけて大気中の酸素濃度を増加させ，最終的に今の空気組成になったと考えられている．

まとめ　地球が誕生した46億年前頃の原始大気は，主にヘリウムと水素からなっていた．これらの軽い成分は，原始太陽の強力な太陽風によって数千万年の間にほとんどが吹き飛ばされた．その頃の地球の大気は，現在の金星や火星と同じで，二酸化炭素と窒素が大部分で酸素はなかった．二酸化炭素は，その後できあがった海の中に溶け込み，カルシウムと反応して量が減った．その後，地球にラン藻植物等が現れると，光合成によって二酸化炭素を消費して酸素を放出し，長い期間をかけて現在の大気になったと考えられている．

‥　9話　上空のどの辺まで空気がある？　‥

空気は地球の引力によってつなぎ止められている．しかし，気体は膨張する性質があり，上空に行くほど空気は薄くなる．気圧は5 km上るごとに半分になる．

地球の大気は，地球の表面を層状に覆っている気体のことで，その構造を**表5**に示す．大気が存在する範囲を大気圏，その外側を宇宙空間と言い，大気圏と宇宙空間との境界は，考える基準によって幅があるが，ここでは10,000 km以上を宇宙空間としている．国際航空連盟やアメリカ航空宇宙局(NASA)は，活動を円滑に進めるための便宜的な定義として高度100 kmより外側を宇宙空間としている．

表5　地球の大気の鉛直構造

宇宙空間(10,000 km以上)	
外気圏(800～10,000 km)	
熱圏(80～800 km)	電離層(50～500 km)
中間圏(50～80 km)	オゾン層(10～50 km)
成層圏(11～50 km)	

地球の大気の構造と温度変化を**図5**に示す．地表から約11 kmまでを対流圏と呼び，空気が絶えず混ぜられている．そのため空気の組成は変わらない．対流圏では高度とともに気温が低下し，様々な気象現象が起こる．対流圏の高さによる気温の下がり方を気温減率と言い，その割合は平均約0.6 ℃ /100 mである．地表付近

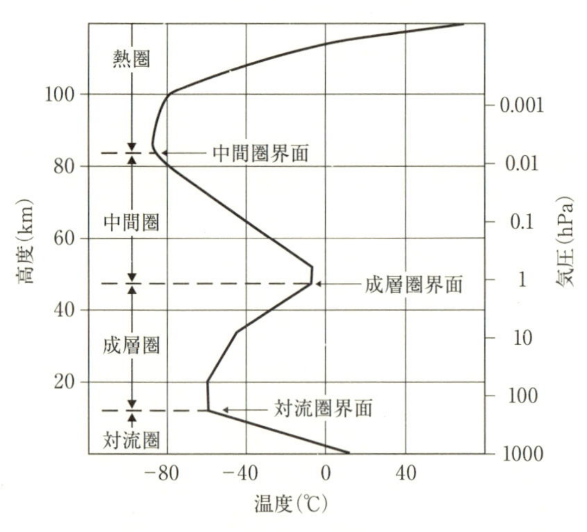

図5　大気の構造と温度変化[出典：理科年表 CD-ROM 2004, 丸善]

に周りよりも暖められた空気塊ができると，その空気塊の密度は周りよりも小さくなり，上昇を始める．上昇した空気塊は，断熱膨張することで気温が下がったり，上空で熱を放射して冷えたり，含んでいた水蒸気が凝結することにより気温が下がる．その冷えた空気塊が下降することで，対流圏の空気では対流が生じ，雲ができ，雨や雪が発生する．対流圏上部ではジェット気流が流れており，高度約 11 km 付近で風速が最大となっている．

対流圏と成層圏との境界を(対流)圏界面と呼び，その高さは，地表の温度が高いほど高くなる．圏界面の高さは，赤道部で 17 km 程度，両極で 10 km 程度，中緯度では季節により変動するが 10 数 km 程度である．

成層圏では上下の対流は少なくなるが，空気の組成が変わるほどではない．成層圏では 1 年中天気が良く，安定している．そのため，遠距離を飛ぶ飛行機は成層圏を飛び，空気の密度も薄くて燃料の節約にもなる．成層圏では，高度とともに気温が上昇する．成層圏には，酸素が紫外線を常に受けてオゾンを発生し，そのためオゾン層できている．40 km 以上の上空ではヘリウムの割合が増している．

中間圏は成層圏の上にあり，高さ 50 km（気温は約 0 ℃）からは高さとともに気温が下がり，高さ 80 km では気温は − 80 〜 − 90 ℃である．中間圏の大気の密度は，地表付近の大気の 1 万分の 1 程度であるが，大気組成はほぼ同じである．

熱圏は 80 〜 800 km で，高度とともに気温が上昇する．

電離層は，大気中の原子や分子が主に紫外線を受けて光電離し，イオンが大量に存在している層である．中間圏と熱圏の間にあたる 50 〜 500 km 付近に存在する．

まとめ　空気は地球の引力によってつなぎ止められているが，膨張する性質があり，上空に行くほど薄くなり，圧力が低下する．上空約 11 km までを対流圏と呼ぶ．対流圏では，気温の変化が激しく，空気の対流が起きやすく，雲，雨，雪が発生しやすい．成層圏は 11 〜 50 km 上空で，空気の対流が起こりにくいため 1 年中天気が安定している．成層圏のさらに上空は，中間圏，熱圏，外気圏，宇宙空間へとつながっている．

‥　10話　地球の大気の循環はどうなっている？　‥

大気の循環は，太陽から地球への熱（太陽放射）が原因となって発生する．太陽放射を受ける量は，平均すると赤道付近で最も多く，緯度が高い北極や南極に近づくほど少なくなる．一方，地球から出て行く熱（地球放射）の緯度による差は，同じような変化をするが，太陽放射に比べて変化は小さい．そのため，約40°より低緯度では出て行く熱より入ってくる熱の方が多く，高緯度では出て行く熱の方が多くなる．低緯度では余分に受けた熱を高緯度へ輸送している．緯度方向，つまり南北方向の熱輸送は，大気の流れによる輸送，潜熱輸送，海流による輸送の3つである．

潜熱輸送とは，低緯度で海水が蒸発することによって熱が奪われ，生じた水蒸気が大気の流れによって高緯度に運ばれ，上空で雲となり，水蒸気が水滴や氷晶に変化する際に熱が発生し，結果として高緯度に熱が運ばれる．

熱帯付近（熱帯収束帯）で暖められて上昇した空気は，圏界面（対流圏界面）に達した後，水平に広がり，中緯度地域の上空へ流れ込む．ここで冷やされた空気は下降し，中緯度（北緯・南緯30°付近）で亜熱帯高圧帯と呼ばれる高気圧帯となる．亜熱帯高圧帯から吹き出す風は，貿易風として熱帯収束帯に向かって吹き込む．こうして，上空では赤道から中緯度へ，地上付近では中緯度から赤道へ向かう一つの閉じた循環ができることになる．これはハドレー循環と言われている．**図6**に大気循環の模式図を示す．地球表面を長い距離移動する風は，地球の自転の影響（コリオリの力）を受け，中緯度から低緯度へ向かう風は西向きに曲げられるため，貿易

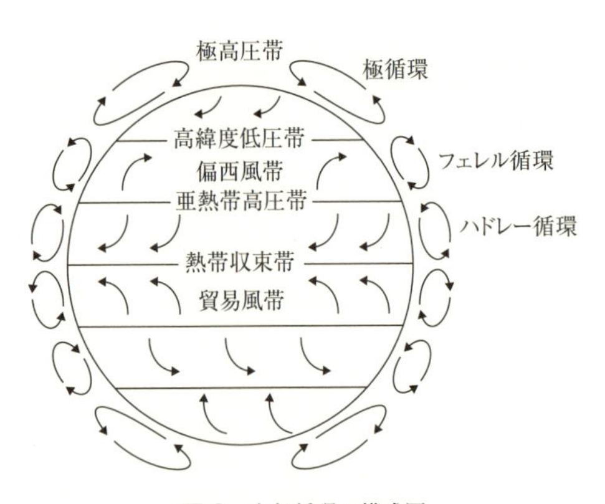

図6　大気循環の模式図

風は北半球では北東貿易風，南半球では南東貿易風となる．両半球の貿易風が衝突する所が熱帯収束帯で，夏には北半球寄りに，冬には南半球寄りになる．この熱帯収束帯の海上は，大規模な積乱雲が発達しやすく，台風が生まれる場所でもある．

ハドレー循環で生じる亜熱帯高気圧は，赤道だけではなく高緯度にも風を吹き出していて，高緯度(北緯・南緯60°付近)の高緯度低圧帯と呼ばれる低気圧帯に向かって偏西風として吹き込み，そこで上昇し，上空で再び中緯度まで戻ってくる．こうして，上空では高緯度から中緯度へ，地上付近では中緯度から高緯度へ向かう一つの閉じた循環ができる．これをフェレル循環と言う．中緯度ではコリオリの力が強くなり，**図6**のようなはっきりとした対流(フェレル循環)というよりは，大きな蛇行した西よりの風(偏西風)として動いている．これをロスビー波と言う．

極地域の寒冷な空気は，下降して極高圧帯になっている．ここから吹き出す風は，極東風として高緯度低圧帯へ吹く．上空では，これを補うため高緯度から極地域に風が吹く．これを極循環と呼ぶが，極循環は他の2つの循環よりも弱い．

このような南北の循環とは別に，太平洋と周辺の大陸の間では，ウォーカー循環と呼ばれる東西の循環が存在する．赤道付近の太平洋で暖められた大気は，西太平洋で上昇し，東と西に分かれて循環している．東に向かった大気は東太平洋で下降し，西へ向かった大気はインド洋や大西洋で下降する．この循環によって西太平洋と東太平洋の間で大きな海水温の差ができ，冷たい東太平洋から暖かい西太平洋への海水の流れが生じる．海水温が変わらなければ，ウォーカー循環は正常に働くが，海水温が変化すると，ウォーカー循環にも異常が現れる．何らかの原因で西太平洋での大気の上昇が弱まると，貿易風が弱まって東太平洋の海水温が上昇し，海洋と大気の両方で異常が生じる．これをエルニーニョ現象と言う．

まとめ　熱帯付近で暖められた空気は，中緯度の上空へ流れ込む．中緯度で冷やされた空気は下降し，地上付近では赤道へ向かう貿易風となる．この循環をハドレー循環と呼ぶ．亜熱帯高気圧は高緯度にも風を吹き出し，高緯度低圧帯に向かって偏西風として吹き込み，そこで上昇して上空で再び中緯度まで戻ってくる．これをフェレル循環と呼ぶ．偏西風は大きく蛇行することが多く，これをロスビー波と言う．極付近には極循環がある．また，太平洋と周辺の大陸や海洋の間には東西の循環がある．

‥　11話　二酸化炭素の増加でなぜ温暖化？　‥

地球温暖化は，人間の活動によって生成される二酸化炭素等の温室効果ガスが主因であるという説が主流となっている．気候変動に関する政府間パネル(IPCC)第3次報告書によると，北半球の平均気温は1000～1900年まではほぼ一定だったものが，1900年からは長期的に上昇傾向にあることは「疑う余地がない」と評価されている．その後，このデータに問題点が見つかり，IPCC第4次報告書では取り下げられたが，1900年以降のデータとその評価は変わっていない．

IPCC第4次報告書による南極の氷のデータから分析した二酸化炭素濃度の過去40万年の変化によると，その変化は約10万年周期で増減を繰り返している．ところが，直近の1,000年間を見ると，1700年以降急激に増加している．これは過去40万年間には見られなかった異常な増加で，主として化石燃料の使用による二酸化炭素等の温室効果ガスの影響と推論されている．

太陽エネルギーは地球表面に吸収されるが，宇宙空間にも放出される．もし地球の大気に温室効果がなければ，吸収されたエネルギーと放出されたエネルギーとが等しくなり，地球の平均気温は簡単な物理法則から約－19℃と計算されている．しかし，実際には地球の平均気温は約15℃で，これは地球の大気に温室効果のせいであると考えられている．では，なぜ二酸化炭素が温室効果ガスとなるのか．

太陽エネルギーは，光(紫外線，可視光線，赤外線)として地球表面に到達し，そのうち半分程度は反射されるが，残りの半分は海陸両面に到達して吸収される．吸収された光は，地球上で乱反射を繰り返すためエネルギーが弱められて(長波長の光である赤外線になり)，夜間に宇宙空間に放射される．それでも全体として100入って100出て行けば釣り合っていることになり，温室効果はないはずである．

図7に夜間における赤外線領域の放射および大気による吸収強度を示す．図の破線は，大気による吸収がない場合の200Kと300Kの放射強度を示している．すべての物質には温度があり，その温度に見合った電磁波を放出しているが，200～300Kの温度の物質からは赤外線が放出されている．実線で示すように，波長により赤外線の吸収強度が相当に違うことがわかる．とくに長波長領域(15 μm程度)の赤外線は，二酸化炭素の存在により吸収されるのでその分エネルギーが大気圏内にとどまることになり，温室効果を持つことになる．

地球温暖化の影響要因としては，人為的な温室効果ガスの放出，中でも二酸化炭

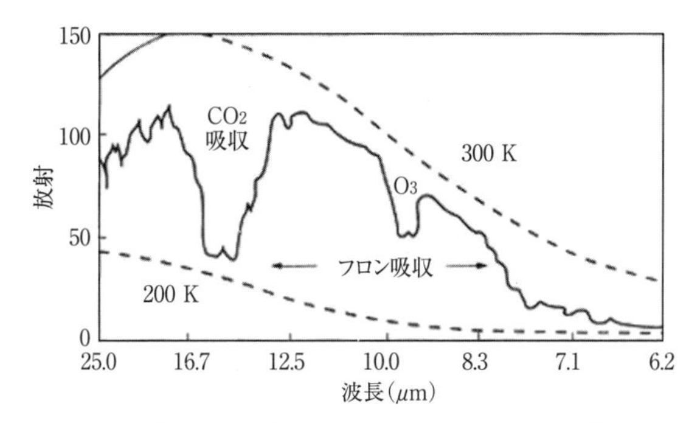

図 7　地表からの夜間の熱放射赤外線のガスによる吸収

素やメタンの影響が大きいとされている．地球温暖化は，気温や水温の変化，海面上昇，降水量の変化，洪水や干ばつ，酷暑やハリケーン等の激しい異常気象の増加，生物種の大規模な絶滅引き起こす可能性も指摘されている．

そして，21 世紀末までに気温上昇を 2℃未満にしないと，地球規模の異常気象や人間活動への影響が取返しのつかないレベルに達するとの共通認識が生まれつつある．2015 年 12 月に開催された国連気候変動枠組み条約の第 21 回締結国会議(COP21)でパリ協定が採択された．その内容は，気温上昇を 2 ℃よりかなり低く抑え，1.5 ℃未満に向けて努力する．今世紀後半に温室効果ガスの排出と吸収を均衡させるというものである．今後，各国の利害を越えてどこまで強調が進み，これらの目標を実現できるかどうかが問われることになる．

ま と め　人間の活動により生成される二酸化炭素等の温室効果ガスが地球温暖化の主因であるという説が主流となっている．1900 年以降の急激な温度上昇と二酸化炭素濃度の急上昇が対応している．二酸化炭素は一部の赤外線領域の光を吸収するので，地球から宇宙空間に向かう赤外線の放射を抑制し，温室効果を持つ．地球温暖化により海面上昇，洪水・干ばつ・酷暑・ハリケーン等の異常気象，生物種の大規模絶滅を引き起こす可能性が指摘されている．

‥　12話　地球温暖化説に懐疑的な人たちはどんな考え？　‥

気候変動に関する政府間パネル(IPCC)の報告に懐疑的な人たちは世界で一定程度いて，各国で議論が続いている．懐疑的な意見の中には，北半球の温度変化のデータが実際の過去の記録を反映していないという反論がある．11世紀頃にはヨーロッパの気候は温暖で，冬でも北極海で船が航行できたし，17，18世紀の寒気に見舞われた記録を反映していないという批判がなされている．また，最近の温度上昇に関しては，一部のデータを選んで作られた疑いがあるとされた．最近の地球温暖化に関しては，温室効果ガス等の人為的影響ではなく，太陽活動や宇宙線の影響等の自然要因の影響がはるかに大きいと主張している．

可視光より変動の大きい紫外線や太陽磁場が気候変動に少なからず影響しているとの指摘がなされ，宇宙線に誘起され形成される雲の量が変化して間接的に気温の変動をもたらしていると主張している．そこでは，雲粒の形成にはSO_2，H_2SO_4等の硫黄化合物が必要で，硫黄化合物が宇宙線によってイオン化されることにより水分子が集まりやすくなって雲粒が形成されるという機構が考えられている．

雲が地球の気温に影響する効果として，IPCCでは，雲は赤外線を吸収するため大きな温室効果があるが，一方，入射する太陽光を遮るため冷却効果もあるとしている．また，気温が上がって海からの蒸発が盛んになると，水蒸気による温室効果が増大するし，水蒸気が雲になると逆に冷却効果をもたらす．雲はこのように温暖化と冷却化の両方の効果があり，IPCCが採用する気候モデルによって結果が大きく左右されるし，予測誤差が大きくなると批判している．

温室効果ガスの増加により気温上昇が生じているのではなく，気温上昇の結果，二酸化炭素が増えているとの主張がある．短期的な変動では，温度変化よりも二酸化炭素の濃度変化の方が半年から1年遅れるし，20世紀全体の変動も，急激な温度変化が二酸化炭素の変化に先行して起こっているとしている．気温上昇により海水温が上昇した結果，二酸化炭素の海洋への吸収が減り，大気中の二酸化炭素濃度が高くなっているとしている．数万年規模の変動も，氷床コアより過去3回の氷期を調べた研究では，気温上昇が二酸化炭素の上昇よりも600(±400)年先に生じているとしている．**図8**に地球温暖化に懐疑的な考えを示す．

これらの二酸化炭素による地球温暖化説に懐疑的な意見に対し，大掛かりな反論もなされている．懐疑的な意見とそれに対する反論は，国によって違うようである．

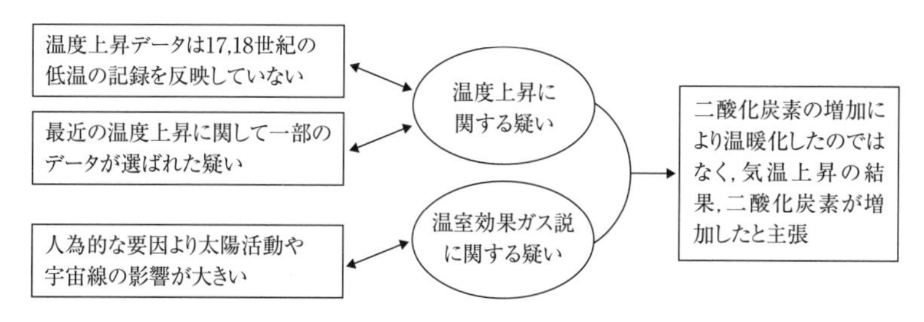

図８　地球温暖化に懐疑的な考え方

アメリカは，2008年の調査では平均7割の人が地球温暖化は実際起こっていると回答していたが，支持政党によって大きな違いが見られるようである．オバマ政権では，環境・エネルギー分野への投資を戦略の柱の一つに据え，環境保護に積極的な人材の登用を決めていた．

ヨーロッパでは，懐疑論は1990年以前からあり，2010年以降も「地球温暖化詐欺」のような映画も作成されたりしている．このような懐疑論に対し，2008年5月，欧州議会は，「科学に不確実性はつきものであるが，気候変動の原因や影響に関する科学的な研究結果を，科学に基づかずに不確実もしくは疑わしいものに見せかけようとする試みを非難する」と表明している．世論は対策を支持しており，2008年12月には，2020年までに温室効果ガスを1990年比で20％削減することを可決するなど，対策を進めている．

日本では，2007年頃から懐疑論が目立ち始め，関連書籍はセンセーショナルな内容で売行きを伸ばした．そうした懐疑論に対して反論もなされており，全体として反論の方が支持を多く集めているようである．

まとめ　IPCCの報告は，気温変動の過去の実際の記録を反映していない．最近の温度上昇に関しては温室効果ガス等の人為的影響ではなく，太陽活動や宇宙線の影響等の自然要因の影響がはるかに大きいと主張している．また，温室効果ガスが増えた結果，温度上昇が起きているのではなく，温度上昇が起きた結果，海水への二酸化炭素の吸収量が減り，空気中の二酸化炭素が増加したと主張している．これらの主張に対し，大掛かりな反論もなされており，世界的に見て懐疑論が支持されているとは言えない．

‥　13話　地球上のオゾン層が少ないとなぜ問題？　‥

酸素分子はO_2と表されるが，オゾンはO_3の化学式で表せる折れ線状分子で，熱力学的に不安定な化合物である．オゾンは，通常の条件では自然界に存在できない．成層圏中では，酸素分子が太陽からの240 nm以下の波長の紫外線を吸収し，光解離して酸素原子Oとなる．この原子状酸素と酸素分子が結び付いてオゾンとなる．オゾンは，太陽から紫外線のエネルギーが与えられて初めて存在が可能となる．

図9に大気圏外および地表の太陽光線の波長分布を示す．オゾンを生成するためにはエネルギーの大きい（波長の短い）紫外線が必要であるが，図からわかるように波長の短い紫外線（波長380 nm以下）は大気圏外で多くなる．大気圏では，地球の引力によって気体が宇宙空間に放散するのをつなぎ止めているので，地球からの距離が離れるほど気体は希薄になる．したがって，オゾン層が形成されるには，紫外線が強く，なおかつ酸素濃度もある程度あるという最適な高度が存在することになる．オゾン層は，成層圏と呼ばれる地上10～50 kmにあり，その濃度が高いのは高度20～30 kmである．オゾンの体積濃度は，地上では0.03 ppm程度のものが上空30 kmでは10 ppm近くになる．

地球上のオゾン層は，太陽からの有害な波長の紫外線の多くを吸収し，地上の生態系を保護する役割を果たしている．紫外線は波長によってUV-A（400 - 315nm），

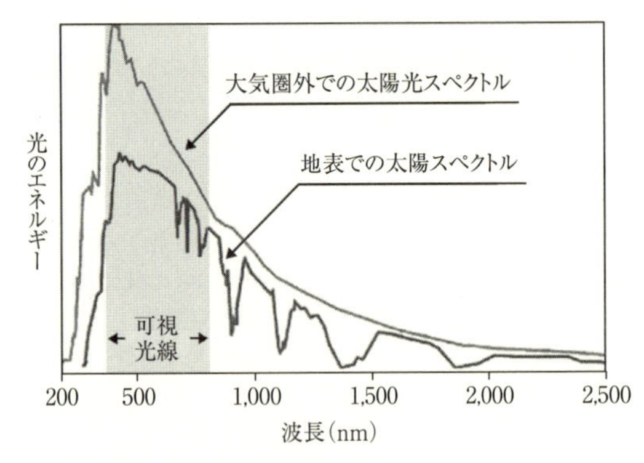

図9　大気圏外および地表の太陽光線の波長分布［出典：http:optica.cocolog-nifty.com/blog/2012/08/post-efe1.html, 2015.12.6 アクセス］

UV-B (315-280 nm), UV-C (280 nm 未満) に分類される．最も波長が短く有害なUV-Cは，大気中のオゾン分子や酸素分子によって完全に吸収され，地表に届くことはない．UV-Bはそのほとんどがオゾン層によって吸収されるが，その一部は地表に到達し，生物のDNAを破壊し，皮膚ガン，白内障，免疫機能の低下等が問題となる．最も波長の長いUV-Aは，大半が吸収されずに地表に到達するが，有害性はUV-Bよりも小さい．それでも，しわやたるみの原因になる．

このようにオゾン層は紫外線から生物を守る働きをしているが，フロンはそのオゾン層を破壊するきわめて有害な物質であることがわかっている．フロンは，CCl_3F 等の塩素，フッ素，炭素を含む化合物である．フロンは冷蔵庫やクーラーの冷媒として使われてきたが，その使用が禁止されている．フロンが紫外線を吸収して原子状の塩素を生成し，これがオゾンと反応することでオゾンが消費される．南極におけるオゾン観測では，1957年から1984年までに40％近くも減少しているというデータがある．

オゾン層は，46億年前に地球が誕生した当初は存在しなかった．地球の原始大気は主に二酸化炭素からなっていて，酸素分子はほとんど存在しなかったため，オゾンも存在しなかった．オゾンがない条件では，有害な紫外線が降り注ぐため，生物は生存できない．生物が誕生し，ラン藻類が光合成を行った結果，大気中に酸素分子が増え始めたと同時に，オゾンも増え始めたと考えられている．生物が発生した場所は海中の深い所と言われているが，これは海水によって紫外線が吸収されたため，辛うじて生物が存在する条件が海中にあったのだと考えることができる．

まとめ　地球の上空で太陽からの強い紫外線が当ることにより酸素分子 O_2 が原子状のOとなり，この原子状の酸素が酸素分子と結合してオゾン O_3 となる．オゾンは不安定な分子で，紫外線の存在下で初めて存在することができる．地球上のオゾン層は，有害な紫外線を吸収する性質を持つ．オゾン層による有害な紫外線の吸収が不十分であると，紫外線により生物のDNAが破壊され，皮膚ガン，白内障等の原因となる．フロンは一時エアコン等の冷媒として盛んに使用されたが，オゾン層を破壊することがわかり，使用が禁止されている．

第３章　気象と空気

‥　14話　風はなぜ吹く？　‥

風が吹くと，木の葉が揺れて涼しく感じるし，うちわで仰ぐと風を感じる．風というのは，空気が移動する現象である．風は，空気の密度の高い所から低い所に向かって吹く．空気の疎密は，太陽光に照らされることで空気の温度の高い所と低い所が生じてくる．太陽に照らされて暖められ膨張した空気は，軽くなって上昇する．反対に上空で冷やされて収縮した空気は，重くなって下降する．そうなると，上昇した空気の後には，周りから別の空気が流れ込んでくる．また，下降した空気の後にも，周りから別の空気が流れ込んでくる．この空気の動きが風として感じられるのである．

暖められ膨張した空気は，密度が小さいので気圧が低く，冷やされて収縮した空気は，密度が高く気圧は高い．**図10**(a)に上昇気流が発生して低気圧が発生し，周囲との気圧差により中心に向かって空気が集まる様子を示す．低気圧が発達するほど中心に流れ込む風は強くなるため，上昇気流も強くなって大規模な雨雲ができる．(a)では風の向きが反時計回りの方向に曲がって渦になるのは，地球の自転の影響(北半球)があるためである．逆に周囲よりも冷えた空気がある所では，空気の密度が周囲よりも大きいので気圧が高くなり，下降気流が発生する．高気圧の下の地表付近は周囲との気圧の差により風が吹き出し，それを補充するために空気が上空から降りてくる様子が(b)に示されている．また，風の向きが地球の自転の影響で時計回りの方向に曲がっている．高気圧の中では一般に雲が発生しにくくなっている．

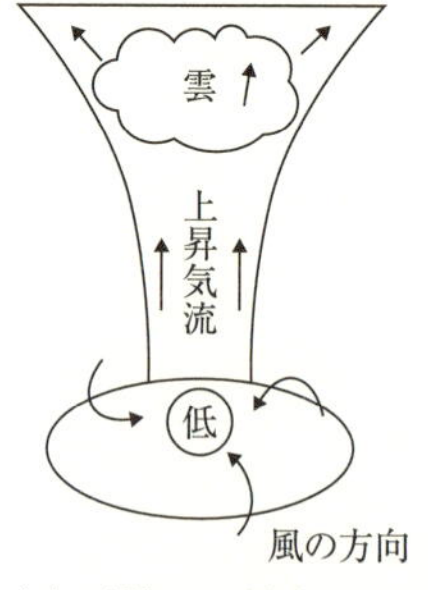

(a)　低気圧の発生モデル

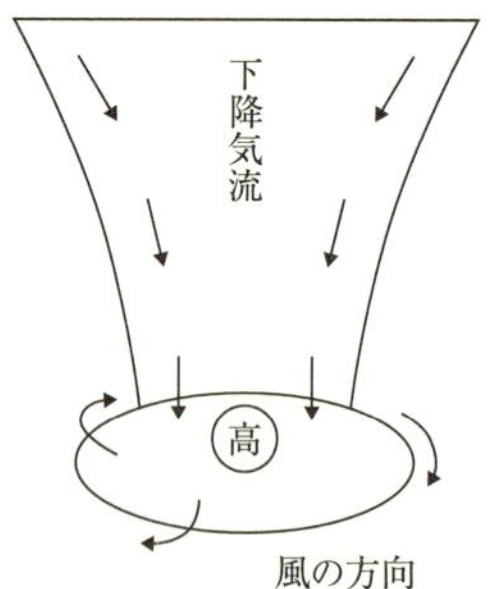

(b)　高気圧の発生モデル

図10　北半球における低気圧と高気圧の発生モデル

気圧は，それぞれの場所の大気の最上層までの空気の柱（気柱）の重さで，地表でそれらの気圧を地図に書き入れると，等しい気圧の地点を結んだ等圧線ができる．それはところどころで閉じた曲線になる．この閉じた曲線の中心で，周りより気圧が高いのが高気圧，気圧が低いのが低気圧である．気圧の単位はhPa（ヘクトパスカル）を用いて表す．hは100，PaはN/m^{2}である．等圧線の「等圧」の値はいくつでもかまわない．

風にはいろいろな種類があるが，簡単な例では海風と陸風がある．陸は暖まりやすく冷えやすい（比熱容量が小さい）のに対し，海は暖まりにくく冷えにくい（比熱容量が大きい）ため，昼になって日が差し始めると，陸上にある空気は海上にある空気よりも速く暖められる．暖まった空気は密度が小さいので上昇気流を生じ，この上昇気流によって上空へと移動した空気は，断熱膨張により冷却される．このように，地表付近では海上よりも陸の気温が高い（気圧が低い）が，上空では逆に気温が低く（気圧が高く）なる．このため，地表付近では海から陸へ海風が吹き，上空では陸から海へ海風反流という風が吹く．この風の循環を海風循環と言う．逆に夜になって日射がなくなると，陸上にある空気は海上よりも速く冷えていく．すると，逆のことが起き，地表付近では陸から海へ陸風が吹き，上空では海から陸への風が吹く．この風の循環を陸風循環と言う．

ま と め　風は空気の移動である．太陽で暖められ膨張した空気は軽くなって上昇し，上空で冷やされて収縮した空気は重くなって下降する．上昇および下降した空気の後には周りから別の空気が流れ込む．このような空気の動きが風として感じられる．暖かい空気は周囲に比べて密度が小さく，低気圧となる．周囲よりも冷えた空気がある所では，高気圧となる．高気圧から低気圧に向かって風が吹く．低気圧では雲が発生しやすく，高気圧では雲が発生しにくい．

‥　15話　偏西風は気象にどのような影響を与える？　‥

偏西風とは，北緯または南緯 30 ～ 60°付近にかけて中緯度上空に見られる定常的な西寄りの風のことである．ハドレー循環で生じた亜熱帯高気圧は，高緯度低圧帯と呼ばれる低気圧帯に向かって偏西風として吹き込む．亜熱帯高気圧から高緯度低圧帯に向かって吹く風は北半球では北風になるはずだが，北上した空気が地球の自転の影響でコリオリの力を受け，西向きに針路を変えられる．こうして北半球では，通常，北西の風が吹くことになる．偏西風が定常的に吹いているということは，高気圧，低気圧，前線等が北西の方から移動してくることになる．日本では，朝鮮半島方面にある高気圧，低気圧，前線等が西日本に来て，それが東日本に来るのが通常のパターンである．天気の変化が西から来るのは偏西風の影響で，偏西風がどのあたりで強く吹いているかが天気を決める大きな要素になっている．偏西風は，上空の高度とともに強くなり，地上 11 km の対流圏界面付近で風速が最大となる．冬季には対流圏界面付近で風速は毎秒 100 m に達し，ジェット気流と呼ばれる．南北の温度差が小さくなる夏にはジェット気流は弱くなり，その位置は北上する．逆に温度差が大きくなる冬にはジェット気流は強くなり，平均位置は南下する．大陸方面にある厳しい寒気がジェット気流によって運ばれ，日本海を渡って冬の季節風が日本海側にしばしば大雪をもたらす．

偏西風ジェットが蛇行することによって同じ気圧配置が長く続いて異常気象が起こりやすくなる．偏西風ジェットの蛇行の要因としては，ロスビー波，北極振動，エルニーニョ・南方振動(ENSO)の 3 つが主に挙げられる．

ロスビー波は，地球が回転体であることの影響で，高・低気圧は西に移動しようとする波動としての性質を持つ．高・低気圧は西へ移動しようとするが，上空の偏西風はそれを押しとどめようとする．結果として，高・低気圧がその場所にとどまり続け，偏西風の蛇行が持続することがある．ロスビー波は高い山によって大気が揺さぶられることによっても生ずる．チベット高原，ヒマラヤ山脈やロッキー山脈等の大規模山塊で強制されて生じたロスピー波によって中緯度の大気の流れが変わる．

北極振動は，北極と北半球中緯度地域の気圧が相反して変動する現象である．北極の気圧が平年よりも高い時には中緯度の気圧は平年よりも低くなり，北極と中緯度の気圧差が大きくなり，極を取り巻く寒帯ジェット気流が強くなる．その結果，極からの寒気の南下が抑えられ，ユーラシア大陸北部，アメリカ大陸北部を中心に平年より気温が高くなる傾向があり，日本でも暖冬となる．逆に北極の気圧が平年より低い時はジェット気流が弱くなるため，極からの寒気の南下が活発になり，平年より気温は低くなる．

エルニーニョ・南方振動は，エルニーニョ現象とラニーニャ現象のことである．赤道下の太平洋の海水温の東西における差が平年より強化されるのがラニーニャ現象で，貿易風が強くなり温かい海水の蓄積が進むと，太平洋西部海域での海水温が上昇し，インドネシア近傍では積乱雲に伴う降水が増加する．反対にエルニーニョ現象は，貿易風が弱くなり太平洋東部で海水温が上昇する．積乱雲に伴う降水の中心も太平洋中部に移る．こうした南方振動に伴う大気中の熱源分布の変動は，ロスビー波の励起源となるため，南方振動の影響は，熱帯だけにとどまらず，南・北太平洋，北アメリカ，南アメリカ等の中・高緯度の広範な地域に偏西風ジェット気流の持続的蛇行が起こりやすくなり，異常気象の発生を促す．

中緯度上空を流れる偏西風が大きく蛇行すると，移動性高低気圧の移動が阻害される状態が1週間以上にわたって続くことがある．この時，高緯度側に蛇行した偏西風は高気圧性の渦を伴い，これをブロッキング高気圧と呼ぶ．この高気圧と対になって赤道側に低気圧性の渦ができることもある．ブロッキング高気圧の予測は長期予報にとって非常に重要であるが，非常に困難でもある．高気圧や低気圧が動かないということは，同じ天気が続くということで，このため長期間雨が降り続けたり，晴れて高温の日が続いて干ばつ等の異常気象が起きたりする．

まとめ　偏西風は，北半球では，通常，北西の風が吹くことになる．偏西風が吹くことにより，高気圧や低気圧が西から東に移動し，天気の変化をもたらす．冬には，寒気を運ぶ強い偏西風が日本海側に大雪をもたらす．偏西風は一定ではなく，高い山や海水温等の影響で通常とは違う大気の流れが生じ，これが偏西風の蛇行とブロッキング高気圧を生む．偏西風が南北に蛇行すると，高気圧や低気圧が動かなくなり，同じ天気が長く続き大雨，干ばつ等をもたらす．

・・ 16話　異常気象はどのようにして起こる？ ・・

気象庁では，過去30年の気候に対して著しい偏りを示した天候を異常気象と定義している．異常気象の発生は当たり前の事象で，地球が存在する以上，異常気象は必ず発生する．人間の寿命はせいぜい100年程度で，気象学に関わる文献が過去千年程度でしかないため，本来，地球上で普通に発生し得る天候であっても，観察者である人類や歴史にとっては異常と定義しているにすぎない面がある．

異常気象は，冬のシベリア高気圧，夏の太平洋高気圧，梅雨時のオホーツク海高気圧等の大規模な気圧配置の揺(ゆ)らぎで起こる．これらは地球規模の大気の流れ，地上から成層圏までを含む風の動き，大気の大循環と関連している．異常気象を起こす原因としては，日射量を変化させる太陽活動の変化，火山噴火や大気汚染による大気中のエアロゾルの増加は外的要因である．氷雪や海水温，土壌水分，偏西風波動の変化等は内的要因である．

このうち最も注目されているのは，ブロッキング高気圧と偏西風の蛇行である．それによって長雨や干ばつ，冷夏，暖冬，大雪等の異常気象が引き起こされる．これについて**15話**でロスビー波，北極振動，エルニーニョ・南方振動の役割を述べた．ロスビー波は地球規模の大気の波動で，偏西風の蛇行を持続させる要因となる．北極振動は暖冬や大雪をもたらし，夏季にオホーツク海高気圧の勢力に影響を及ぼし，冷夏や酷暑をもたらす．

エルニーニョ現象は異常気象の原因の一つで，東太平洋赤道域の海水温が平年に比べ1～3℃前後上昇する．海水温の変化は，まずその海域の貿易風を弱め，ウォーカー循環と呼ぶ赤道付近の大気循環を変化させる．これによって赤道付近の偏東風ジェット気流，中緯度ジェット気流等の流路が変化し，ドミノ式に低・中・高緯度へと波及していき，特有の気圧変動を起こす．ラニーニャ現象は，東太平洋の赤道域の海水温が平年比べ1～3℃前後低い場合で，エルニーニョ現象とは逆の異常気象をもたらす．

気圧の変化は，湿・乾・暖・寒等の様々な性質を持った各地域の大気の流れを変化させ，通常とは異なる大気の流路により異常気象を引き起こされる．ブロッキング高気圧は，発生しやすい場所と季節が決まっていることが特徴である．季節に関しては、海と陸の熱のコントラストが重要で，場所に関しては山岳等の地形が重要であることを示している．しかし，海と陸の熱のコントラストと地形だけでは説明できないケースもある．両者の波動の位相が逆である場合はブロッキング高気圧が発生せず，位相が同じである場合にはブロッキング高気圧が発生するという説がある．

異常気象の内的要因として注目されているのは，積雪面積の変動である．積雪は，土壌水分を増やし日光を反射する．積雪面積が広いほど地球に入る熱が減り，土壌水分が増える．積雪面積が広いほど熱を失い，季節の進行が遅くなり，積雪面積が小さいと地表が太陽の光を吸収し，土壌水分も少なく気温が上昇し，季節の進行が早くなる．3月のユーラシア大陸の積雪面積がとくに広かった1969，1971，1976年の日本は典型的な冷夏になった．

火山噴火によるパラソル効果で冷夏をもたらしたことで有名なのは，1783年の浅間山噴火である．1816年は，アメリカでは夏のない年と言われた有名な冷夏で，前年のインドネシアのタンボラ火山の大爆発が原因と言われている．ただ，火山の大爆発があっても必ず異常気象になるのではなく，ケイ酸塩主体の火山灰の場合は重いので比較的早く地上に落下し，気象への影響は限定的である．二酸化硫黄が主体な噴火の場合は，1 μm 以下の粒子がエアロゾルとして大気中に長く浮遊し，冷夏や厳冬等の異常気象をもたらすとされている．

異常気象は局所的なものだけではなく，かなり離れた場所にも影響が及ぶことがわかっている．例えば，日本が暖冬の時は，ヨーロッパも暖冬，中近東は寒冬となる．このように遠隔地に影響が及ぶ現象をテレコネクッションと呼ぶ．東太平洋のタヒチ島と北オーストラリアのダーウィンの気圧変化を調べた結果，一方の気圧が高い時は他方が低い関係にあることがわかり，南方振動と名付けられ，テレコネクッションの代表例とされている．

ま と め　異常気象を起こす原因として，氷雪の面積，海水温，偏西風波動の変化，火山噴火による大気中のエアロゾルの増加等がある．偏西風の蛇行により長雨，干ばつが引き起こされる．エルニーニョは，東太平洋赤道域の海水温が上昇する現象で，その海域の大気温度が上がることで貿易風が弱まり，ウォーカー循環と呼ばれる大気の循環が変化する．これが中緯度帯ジェット気流の流路変化等によってドミノ式に中緯度，高緯度へと波及し，異常気象の原因となる．

‥ 17話　大気が不安定というのはどういう状態？ ‥

天気予報等でよく「大気の状態が不安定」と表現される．これはどんな状態を指しているのであろうか．

空気は，温度が高いほど密度が小さく，暖かい空気は上昇しようとするし，冷たい空気は下降しようとする．もし，地上付近に暖かい空気，上空に冷たい空気があるとすると，暖かい空気は上昇し，冷たい空気は下降する．その結果，空気がぶつかりかき混ぜられる．簡単には，そのような状態を大気の状態が「不安定である」と言われる．

しかし，地上付近に暖かい空気，上空に冷たい空気があるといつも大気の状態が不安定になるわけではない．地上から 15 km くらいまでは，高度が 100 m 上昇すると気温が約 0.6 ℃下がる．暖かい空気が上昇すると，断熱膨張(気体が外から熱を加えられることなく膨張すると温度が下がるという現象)により低温になる．熱い味噌汁をフーッと息を吹きかけて冷ますのは，断熱膨張による温度低下を利用している．暖かい空気がある地点まで上昇すると，断熱膨張によって周りの空気よりも冷えることがある．このような状態は「安定」と言える．周りの空気より温度が低く，密度が大きく降下するからである．地上の空気が上昇しても周りの空気よりまだ暖かいとすれば，さらに上昇し上空の冷たい空気とぶつかる．このような状態は「不安定」である．一般に，地上付近と上空との温度差が 40 ℃以上ある時には，大気は「不安定」になると言われている．

大気の「不安定」な状態は，地上付近と上空との湿度差によっても影響される．水蒸気を含んだ大気(湿潤大気)が上昇すると，水蒸気は凝結し，水滴や氷晶になる．凝結の際には潜熱が放出され，通常の大気では水滴や氷晶が重力によって落下し，上昇した大気から分離(重力分離)される．重力分離があると，潜熱は空気の中に保存されて温度変化が大きくなり，大気はより「不安定」になる．大気の地上に近い層の湿度がより高く，上空の湿度がより低い時，「不安定」の度合いは大きくなる．

大気が不安定となる気象条件としては，熱帯低気圧・温帯低気圧・寒冷前線・停滞前線の通過時，上空への寒気や乾燥空気の流入，下層への暖かく湿った空気の流入時である．その際，短時間強雨，雷，雹，竜巻等の突風，急激な温度・湿度・気圧の変化がある．大気が不安定な状態は数日続くこともあるが，夕立のように数時間で終わることもある．

大気が不安定な状態では，強い上昇気流に伴って積乱雲が発達し，地上11 kmに達する．上空で発生した氷晶は重いのでゆっくり落ちてくるが，下からの上昇気流で再び上空まで持ち上げられる．中層の雲で温度が－30～0℃の条件では，氷晶ができず，過冷却の水滴で存在することが多い．氷晶と過冷却の水滴が共存する条件では，氷晶が結晶成長して大きくなる．大きくなった氷晶が過冷却の水滴と出会うと，それを取り込んで氷の塊(霰，雹)になる．霰は直径5 mm以下，雹は直径5 mm以上のものである．また，積乱雲の中では集中豪雨が降っている領域があり，下降気流を形成する．このように積乱雲の中では上昇気流も下降気流も共に強いため，雹の運動は複雑で，時には何回か上下運動を繰り返す．その過程で温度が高い領域を通ると，過冷却水滴が雹の表面を覆うように付着して凍るので透明な氷の層を形成し，温度が低い領域を通過すると過冷却水滴がその形状を保持したまま氷となって付着し，表面で光を反射するので不透明となる．そのため，雹の内部には透明な層と白い不透明な層とが交互にできる．ゴルフボール程度の大きさの雹も珍しくない．**図11**の雹の内部断面を写した写真では，何回かの上下往復運動によって氷が多層構造を形成しながら成長した跡がうかがえる．雹は上昇気流が弱まったり，強い下降気流が発生した時に地上に落下する．

図11　雹の断面顕微鏡写真［出典：フリー百科事典，ウィキペディア，2015.12.14 アクセス］

まとめ　地上付近の空気が暖かく湿っていて，上空に寒気がある場合，温度差から地上付近の空気が上昇する．その際，空気の膨張によって冷やされて水蒸気が凝結し，雨粒や氷の粒になる．雨粒や氷の粒を含んだ冷たい空気は下降しようとする．上昇気流と下降気流とが共存する大気の状態は，不安定である．大気の状態が不安定となるのは，上空との気温差が40℃以上の場合に起きやすい．このような気象条件では積乱雲が発達しやすく，短時間強雨，雷，雹，竜巻等の突風，急激な温度・湿度・気圧の変化等が起きる．

‥　18話　台風はなぜ発生する？　‥

北西太平洋の熱帯や亜熱帯で発生した熱帯低気圧のうち，中心付近の最大風速が秒速 17 m 以上のものを台風と呼ぶ．大西洋北部，太平洋北東部，太平洋北中部で発生したものをハリケーン，インド洋北部，インド洋南部，太平洋南部で発生したものをサイクロンと呼ぶ．これらは強い風と雨をもたらす巨大なエネルギーを持っている．このエネルギーの源は一体何であろうか．

エネルギーの源は太陽光の熱である．この熱によって水蒸気を含む空気が著しく膨張し，冷やされて雲が発達して台風となる．南半球から赤道を越えて吹く南東貿易風と，北緯 10 ～ 20° 付近に吹く北東貿易風がぶつかる熱帯収束帯で雲の渦が発達しやすい．熱帯収束帯は，夏でも冬でも水温が高く，1 年中上昇気流が生じ，巨大な積乱雲が発生しては消滅している場所である．海水温が高い，つまり，水蒸気を発生しやすい赤道付近の海域は，常に台風にエネルギーを供給していることになる．

台風の内部構造を**図 12** に示す．図は縦方向に拡大してあり，台風の最上部が成層圏との境になっている．台風の中心付近の風や雲がほとんどない下降気流となっている区域を台風の眼と呼ぶ．この眼は勢力が大きいほど明瞭に現れ，勢力が衰えるとはっきりとしなくなる．眼の中心部の上空では下降気流，周辺部では上昇気流が生じ，眼の周辺部の上昇気流が生じた後を補うように周辺から空気が流れ込む．

最も荒れているのは台風の中心と考えがちだか，中心付近は風向きが反対方向

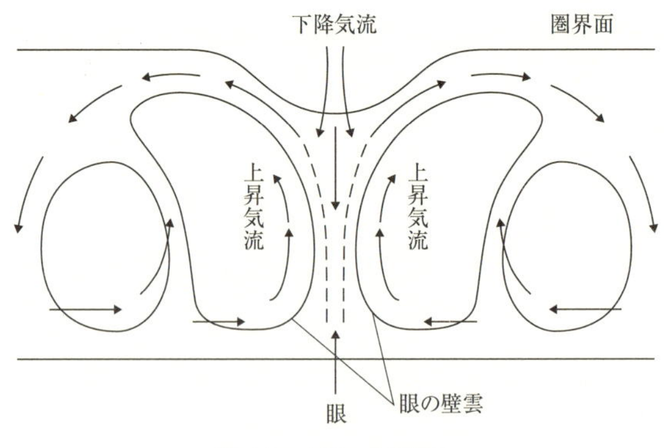

図 12　台風の内部構造

で，互いに打ち消し合って風が強いわけではない．眼の周囲は，中心に向かって周囲から吹き込んだ風が強い上昇気流を作った積乱雲が壁のように取り囲み，内側降雨帯となっている．そして，その外周を外側降雨帯が取り囲んでいる．また，台風本体から数百 km 程度離れた場所に先駆降雨帯が形成されることがある．さらに，先駆降雨帯が形成された所に前線が停滞していると，活動が活発になり大雨となる．

台風は，一般的に中心よりも進行方向に対して右側(南東側)の方が風雨は強くなる．これは，台風をめがけて吹き込む風と台風本体を押し流す気流の向きが同じとなるため，合わさってより強く風が吹くためである．逆に，台風の左側は吹き込む風と気流の向きが逆になり，風は比較的弱くなる．台風が反時計周りの渦を巻くのは，北半球では風が中心に向かって進む際に地球の自転に伴うコリオリの力を受けるためである．

台風が発達するのは，暖かい海水から蒸発する水蒸気と水蒸気が上空で冷やされて凝結することに伴って発生する熱のためである．空気中の水蒸気は，上昇気流によって上昇し，断熱膨張によって凝結して水滴となる際に潜熱を放出する．軽くなった空気がさら上昇すると，周囲から湿った空気が流れ込み，さらに水蒸気の凝結が増え熱を放出する．このようにして台風は日本の南海上で発達し，日本列島に接近，上陸する．

これは，南海上では海水温が高く，発達に必要な要素が整っているためで，日本列島に近づくと海水温が 26 ℃未満になることが多く，発達は収束傾向になる．また，台風は上陸すると，山脈や地上の建物等による摩擦によってエネルギーを消費し，急速にその勢力は衰えるようになる．

まとめ　台風のエネルギー源は太陽の熱である．海水温が高い領域で暖められた空気が上昇すると，上空の水蒸気は凝結して水滴となり，潜熱を放出する．台風の発達の原動力は，暖かい海から蒸発する水蒸気の凝結に伴う熱である．より軽くなった空気は上昇し，中心付近の気圧が低くなり，周りから吹き込む風が強くなる．南半球から赤道を越えて吹いてくる南東貿易風と北緯 15 度付近に吹く北東貿易風がぶつかる熱帯収束帯で，雲の渦が発達して台風となる．台風の進行経路の海水温が高いと，台風はさらに発達する．

‥　19話　竜巻はどのように発生する？　‥

竜巻は突風の一種で，発達した積乱雲の下で地上から細長く延びた高速な渦巻き状の上昇気流のことである．竜巻はスーパーセルと呼ばれる巨大積乱雲の中で発生し，水平規模は，平均で直径数10 m，大規模なものでは直径数100 mから1 km以上に及ぶ．

スーパーセルの中では，上昇気流の中心部分の気圧が低くなり，反時計回りに気流が渦を巻いて回転し，メソサイクロンと呼ばれる小規模の低気圧ができる．渦が発生する理由は，スーパーセルの中で速度や方向の違ういくつかの風が存在することによる．水の流れが一様でない所に木の葉で作った舟を置くと，回転し始めるのと同じ原理で，風の流れの違いが渦を発生させる．この渦は**図 13**(a)に示すように，速い風と方向の違う遅い風が近くにあると気流の渦が発生する．この渦は，初めは水平方向に伸びているが，上昇気流によって(b)に示すように，持ち上げられてメソサイクロンになる．上昇気流が強いと，メソサイクロンは鉛直方向に立ち上がり，反時計回りに回転する．メソサイクロンの周囲を回転する空気には，遠心力が働き渦の外側に引っ張られるため，中心部の空気が薄くなって気圧がさらに下がる．気圧が下がることで，さらに周囲の空気を巻き込む．メソサイクロンの気圧が低いほど，渦の幅が狭いほど風が強くなる．渦の幅が狭いほど風が強くなるのは，フィギュアスケートの選手が腕を広げて回転する時の速度は遅いが，腕をたたんで回転すると，速度が速くなる現象と似ている．メソサイクロンの中で小規模で短命な気流の渦が多数現れては消えることを繰り返す．このような多数の渦のうちのごく少数の渦が発達して上昇気流と結び付いて，竜巻に成長すると考えられている．**図 13**にメソサイクロンの発生機構を示す．

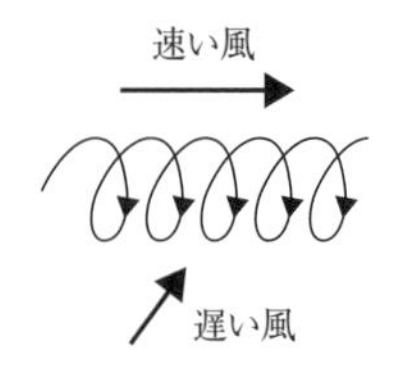

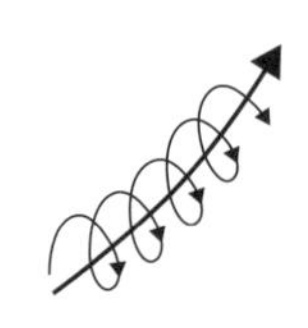

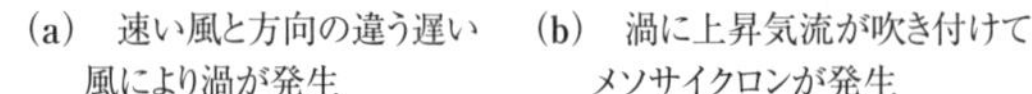
(a)　速い風と方向の違う遅い風により渦が発生　(b)　渦に上昇気流が吹き付けてメソサイクロンが発生

図 13　メソサイクロンの発生機構

竜巻の進行方向は，親雲の移動方向に左右される部分が大きく，北半球では北東の方向に移動する傾向があるが，台風とは異なって，大きく蛇行したり，規則性のない進路をとる竜巻も多い．

竜巻の発生しやすい天候としては，台風の接近等による熱帯低気圧の通過時，温帯低気圧，寒冷前線，停滞前線の通過時，上空への寒気や乾燥空気の流入，下層への暖湿流の流入による大気の不安定時である．

竜巻の予兆，前兆としては，真っ黒な雲，垂れ下がった雲等が現れる，空が急に暗くなる，風が急に強くなり風向が急に変わる，雹が降る，木の葉や枝，建物の残骸，土や砂等の飛散物が上空を飛ぶ，気圧の急降下，急上昇によるキーンという音や耳の異常が起こる，激しい気流の渦に伴う轟音，飛散物の衝突に伴う衝撃音等を感じる場合である．

竜巻の強さの程度として，シカゴ大学名誉教授の藤田氏による藤田スケール(F-scale)が国際的に広く用いられている．F0からF5まであり，数字の大きいほど強い．F3は強烈な竜巻で，風速70～92 m/s，建付けの良い家でも屋根と壁が吹き飛び，列車は脱線転覆する．F4は激烈な竜巻で，風速93～116 m/s，車はミサイルのように飛んでいく．F5は想像を絶する竜巻である．アメリカでは，年間1,000個前後の竜巻が発生し，F5という最大級の竜巻の例もある．日本で発生する竜巻は，記録されているものに限れば，最大でF2のものが時々発生し，数年に1度F3クラスが発生している．

ま と め　竜巻は発達した積乱雲の下で地上から雲へと細長く延びる高速な渦巻き状の上昇気流である．積乱雲には軽く暖かい上昇気流の領域と重く冷たい下降気流の領域がある．上昇気流の気圧が低くなり，それを中心として反時計回りに気流が渦を巻いて回転し始める．冷たい下降気流と暖かく湿った上昇気流が衝突している前線面では，大きな風速差や気流の乱れが生じる．ここで発生した気流の多数の渦のうち，ごく少数の渦が発達して上昇気流と結びつき，竜巻に成長すると考えられている．

‥　20話　フェーン現象はどうして起こる？　‥

フェーン現象とは，山の斜面に当たった後に山を越え，暖かくて乾いた下降気流となった風によりその付近の気温が上がる現象のことである．空気が山の斜面を上昇する時，断熱膨張によって冷やされる．熱い食べ物を冷ます時に口をすぼめてフーと吹くと，冷える現象と同じである．逆に，空気が山の斜面を降下する時には断熱圧縮によって暖められる．フェーン現象には，これ以外に空気中に含まれる水蒸気が凝縮する際に熱を放出させる凝縮熱の効果があり，そのため山の斜面を上昇する時に空気は冷やされるが，湿った空気は温度が下がりにくくなる．一方，山頂で乾燥した空気は，下降するに従って温度が上がり，山を昇る時よりも温度の変動幅が大きく，元の気温よりも高くなりる．

太平洋側の海抜0m地点にある水蒸気を含む20℃の空気が**図14**のように，海抜2,000mの山を越え，日本海側に吹き降りる場合を考えてみる．この時，太平洋側の山を上昇する空気は，海抜1,000mで水蒸気が飽和に達すると仮定する．この後，空気がさらに上昇すると，雲が発生し，山の斜面に雨が降ることで水蒸気を失う．海抜1,000mまでは，高度が上がることによる気温の低下(0.6℃/100m)に加え，水蒸気が気体のなので断熱膨張による温度低下が加わって100mにつき約1.0℃ずつ気温が低くなって10℃になる．その後，山頂までは水蒸気が水滴(液体)になる時には発熱するが，高度が上がることによる気温の低下(0.6℃/100m)よりも温度の低下が緩やかで，100mにつき0.5℃ほど下がり山頂では約5℃になる．山頂から乾燥空気が日本海側に吹き降りる時は，高度が下がることによる気温の上昇(0.6℃/100m)に加えて断熱圧縮によって100mにつき約1.0℃ずつ気温が上昇

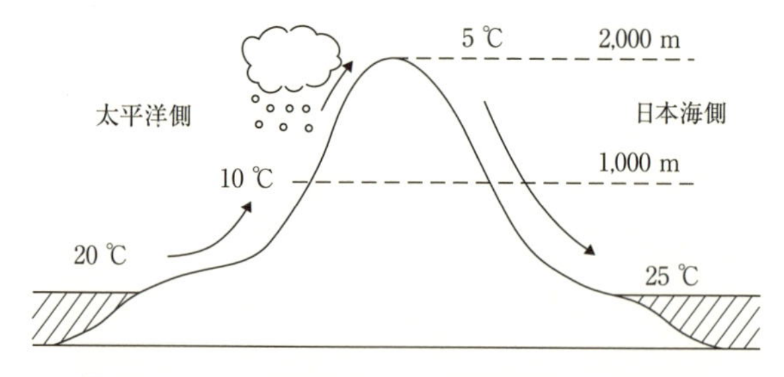

図14　フェーン現象により日本海側で高温となる仕組み

し，海抜 0 m で気温は 25 ℃となる．このようにフェーン現象が起こると，山から風が吹き降りる側の気温が高くなる．

1933 年 7 月 25 日の午後 3 時，山形市で日本における当時の最高気温 40.8 ℃を記録したのはフェーン現象が一因とされている（その後，最高記録は 2013 年 8 月 12 日に高知県四万十市で観測された 41.0 ℃に更新）．当日，日本海を北東に進む台風がもたらした暖かく湿った空気は，南よりの山越え気流となって山形盆地に吹き降りていた．2010 年 6 月 26 日には，モンゴル付近の暖気が西風によって流れ込み，北海道の日高山系や大雪山系を越えて吹き降ろし，北海道東部各地では時季外れの猛暑になり，北海道足寄町で 37.1 ℃，北見市で 37.0 ℃等，局地的に猛暑日を記録した．

さらに，フェーン現象が発生した時には空気が乾燥するので，この時に強い風が吹くと火災が起きやすく，強風により火が燃え広がりやすくなる．1952 年 4 月 17 日，鳥取市でフェーン現象が発生し，火災が発生して鳥取市の約 3 分の 2 が焼失し，5,000 世帯余りが被災した．

ま と め　フェーン現象は，山の斜面に当たった後に山を越える暖かくて乾いた下降気流の風によって，その付近の気温が上がる現象である．水蒸気を含む空気が山にぶつかり上昇すると，雲が発生し，山の斜面に雨が降る時，凝縮熱が発生して温度の低下が緩やかになる．一方，山頂から吹き降りる空気は乾燥していて，高度が下がることによる気温上昇に加え，空気が圧縮されることによる温度上昇も寄与して，その付近の気温が上昇する．

‥　21話　雷はどうして発生する？　‥

雷は，雲と雲との間，あるいは雲と地上との間に発生する電位差によって空気の絶縁破壊を起こして生ずる光と音を伴う放電現象のことである．地表で大気が暖められて発生した上昇気流は，気流の規模が大きいほど空高く発達し，積乱雲(雷雲)となる．上空の水滴は，高い空にいくほど低温になるため，氷晶になる．氷晶はさらに霰(あられ)となるが，成長して重くなった霰は下に，軽い氷晶は上昇気流によって上に持ち上げられる．

雷の発生機構は大変複雑で，積乱雲の温度や雲粒(水滴)の量によって大きな影響を受ける．中層の雲の中では，氷晶と霰は上昇気流にあおられて互いにぶつかりイオン格子欠陥(プロトンH^+とOH^-)が生じ，条件によって氷晶と霰の電荷の正負が変化する．気温が低く雲水量が中程度の場合では，霰表面は堅固な氷相で，雲粒が付着して氷になる時に潜熱が発生して高温となる．氷晶と霰との衝突時に高温側の霰から低温側の氷晶へH^+が拡散する．そのため負電荷が残った霰は負に帯電する．雲粒が多い場合では，着氷した過冷却水が作る霰表面に水の膜が生ずる．水の中ではH^+の方が氷相へ拡散しやすく，水膜中にはOH^-が残る．氷晶が霰に衝突する時，氷晶はOH^-に富む表層水に濡れて負電荷を運び去るので，霰が正に帯電する．

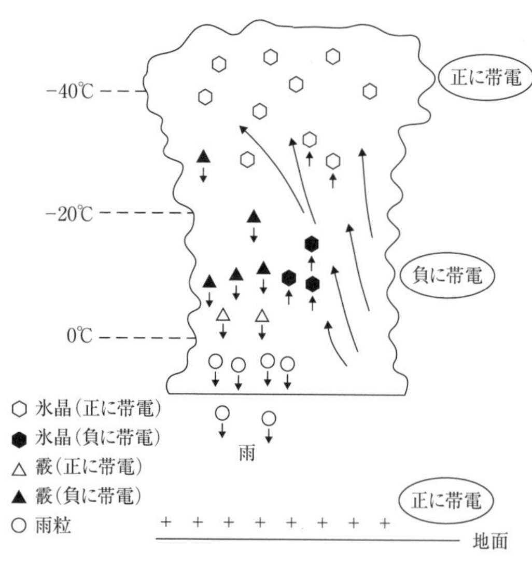

図15　成熟期の雷雲の状態の概念図

成熟期の雷雲の中での氷晶および霰の電荷の分布状態について，**図15**に模式的に示す．まず，積乱雲の発達期には，雲の上層の－30℃付近で氷晶と霰が接触し，氷晶が正に，霰が負に帯電する．積乱雲の成熟期には上昇気流によって氷晶は上方に吹き上げられ，霰は重いため落下する．また，成熟期の中層では霰は引き続き落下するが，下層では温度が高く雲粒が多いので，氷晶が負に，霰が正に帯電する．雷雲の－10℃付近では**図15**に示すように，下から吹き上がって負に帯電した氷晶と上から落ちてきた負に帯電した霰とが集まって負に帯電した層を作る．一方，上層では正に帯電した氷晶のみの層があり，下層付近の負に帯電した層との間で雷が発生する．また，下層付近の負に帯電した層に誘起されて地上では正に帯電するので，下層付近と地表との間で雷が発生する．

空気は，通常，絶縁体と言われているが、非常に高い電圧が加わると絶縁が破壊される．上層と下層の電位差が空気の絶縁の限界値(約300万V/m)を超えると電子が放出され，電子は空気中の気体原子と衝突してこれを電離させる．電離によって生じた陽イオンは，電子とは逆に向かって突進し，新たな電子を叩き出す．この2次電子がさらなる電子雪崩を引き起こし，持続的な放電現象となって下層へ向って稲妻が飛ぶ．また，下層に負電荷が蓄積されると，地面で正の電荷との間で放電が起きる．これらの放電は，大気中を走る強い光の束として観測される．1回の放電量は数万～数10万A，電圧は1億～10億V，電力換算で平均約900GWに及ぶが，時間にすると1ms程度でしかない．エネルギーに換算すると，およそ900MJである．

雷鳴は，放電現象が発生した際に生じる音である．雷が地面に落下した時の衝撃音ではなく，放電の際に放たれる熱が原因である．主雷撃が始まって1μ秒後には，放電路にあたる大気の温度が局所的に2万～3万℃という高温になることによって雷周辺の空気が急速に膨張し，音速を超えた時の衝撃波が音として感じられる．稲妻は光速で伝わり，ほぼ瞬間に到達する．これに対して雷鳴は音速で伝わるので，音が伝わる時間の分だけ稲妻より遅れて到達する．

まとめ　雷は，雲と雲との間，雲と地上との間に発生する電位差により空気の絶縁破壊で生ずる光と音を伴う放電現象である．上昇気流の中で氷晶と霰が互いに激しくぶつかり合う条件では，摩擦や破砕で静電気が蓄積され，霰は負に，氷晶は正に帯電し，雲の上層には正の電荷が，下層には負の電荷が蓄積される．上層と下層の電位差が空気の絶縁の限界値を超えると，放電現象が起こって稲妻が飛ぶ．雷鳴は，放電時，大気温度が局所的に2万℃以上になり，周辺の空気が急速に膨張して音速を超えた時の衝撃波の音である．

第４章　色と光と空気

4

‥　22話　空はなぜ青い？　‥

晴れた日の空は真っ青で，空気は透明なはずなのにどうして青く見えるのだろうか．

私たちは物体の形や色を光が当たって反射した光で判断している．しかし，光が反射するのは光の波長よりも大きな粒子で，反射しなければ物体の形や色を判断できない．例えば，O-157のような細菌は光の波長より大きいので光学顕微鏡で見ることができる，インフルエンザウイルスは光の波長より小さいので光学顕微鏡では見ることができず，波長の短い電子顕微鏡で見ることになる。物体が小さくなると光の散乱が起きるが，粒子の大きさにより散乱の仕方は違ってくる．粒子が光の波長より小さいときはレイリー散乱，波長と同じ程度か大きいとミー散乱が起きる．

太陽光が地球に向かって進んで来る時，地球の外側にある大気にぶつかるが，太陽光が空気の層を何事もなく通過すれば，空は青く見えることはない．ところが，太陽光の波長よりも小さいサイズ(1/10以下)の粒子によるレイリー散乱が起こることで色がついて見えるのである．レイリー散乱の強さは光の波長に依存し，波長が短い(青系統)方が大きく，波長が長い(赤系統)と小さい．散乱の強さは光の波長の4乗に反比例することがわかっている．太陽の光は白色光で，多くの波長の光が集まったものである．可視光線の波長と色との関係について**表6**に示す．

青系統の色の波長を410 nm，赤系統の色の波長を720 nmとすると，小さい粒子によって散乱される量は，青系統の方が赤系統に比べて$(720/410)^4$倍となるので約10倍強くなる．それため，青系統の色は赤系統の色よりも多く散乱されて地表にいる人の眼に届き，空は青く見える．実際は紫が最も多く散乱されているが，人間の眼の構造上，青く見える．

ここで，小さいサイズの粒子とは何かを見てみる．太陽光がやってくると，地球の外側の大気にぶつかる．大気中には窒素(78 %)，酸素(21 %)，アルゴン等のガスがあり，これらの大きさはいずれも0.2 nm程度で，可視光線の波長に比べてはるかに小さい．さらに地球に近づくと，エアロゾルと呼ばれる埃や塵等の小さな

表6　可視光線の色と波長

色	波長(nm)	エネルギー(eV)
紫	380～450	2.755～3.26
青	450～495	2.50　～2.755
緑	495～570	2.175～2.50
黄色	570～590	2.10　～2.175
橙色	590～620	1.99　～2.10
赤	620～780	1.59　～1.99

粒も浮遊しており，これらの粒子は0.1 μmから0.1 mmまでの大きさに分布している．小さい方の粒子は光の波長より小さく．太陽光が空気やこれらの粒子によって青の光がより強く散乱され，空が青く見えるのである．

私たちが地上で太陽の方向を見上げると，太陽は赤から黄系統の色に見える．これは直進する太陽光線中から波長の短い紫，青，緑の色が強く散乱されて失われるため，私たちの眼には残りの長い波長の光が見えているからである．

さらに地球に近づくと，光の波長よりずっと大きな粒子(5～100 μm)に太陽光が当たり，ミー散乱が起こる．大きな粒子は，砂，花粉，塩等の埃や塵，水滴によるものである．この散乱は，光の波長によらない散乱で，いろんな方向にいろんな波長の光を散乱して白く見える．また，霧や雲は数 μm ～数 10 μm と大きな水滴からできているので，すべての波長の光を散乱するので白く見える．

日本では日によって空の青さが違うが，これは空気中にどの程度の水滴が浮かんでいるかが関係しているようである．雲一つない青空であっても，空気中にある程度の水滴が浮かんでいれば，その部分はすべての波長の光を散乱して白っぽい青に見える．筆者はアメリカのアリゾナ州に滞在したことがあるが，日本では見たことがない見事な青空が何日も続いた．これは，砂漠地帯であるため，空気中に水滴がほとんど浮かんでいないためであると考えられる．

まとめ　太陽光が地球上空の空気や埃，塵等の細かい粒子に当たると，レイリー散乱される．レイリー散乱は，光の波長（可視光線は 380 ～ 780 nm）より小さい粒子により散乱される現象である．レイリー散乱の程度は光の波長の 4 乗に反比例するので，短波長の光がより強く散乱される．太陽の高度が高い時，人は，見上げる空の可視光線の中でより強く散乱された青系統の光を見ているため空が青く見える．空に浮かぶ水滴は，光を反射して白く見えるので，青さの程度は，空に水滴がどの程度浮かんでいるかによって違う．

・・ 23話　夕焼けはなぜ赤く見える？ ・・

晴れた日の夕方，太陽が沈む頃，赤，橙色等のきれいが夕焼けが見られる．どうして日中の空は青く，夕方は赤いのか．

日没の頃，西の地平線や水平線に近い空が赤く見えるのを夕焼け，日の出の頃，東の空が赤や橙色等に見えるのを朝焼けと言う．夕焼け状態の空を夕焼け空、夕焼けで赤く染まった雲を夕焼け雲と言う．

レイリー散乱は，光の進行方向に進み，波長が短い(青系統)方が大きく，波長が長い(赤系統)と小さい．太陽の光は，**図16**に示すように，日中は真上から来るので，通ってくる空気の層の距離は短いが，夕方は斜めに来るため，通ってくる空気の層の距離が長くなる．青い光は，障害物となる空気分子やエアロゾルに衝突する頻度が増して散乱してしまい，地球に到着するのはほんの少しになるが，赤や橙色の光は散乱が少なく，多くの光が地球に到達する．私たちは，この地球に到達した光を見ているので夕焼けを赤いと感ずる．

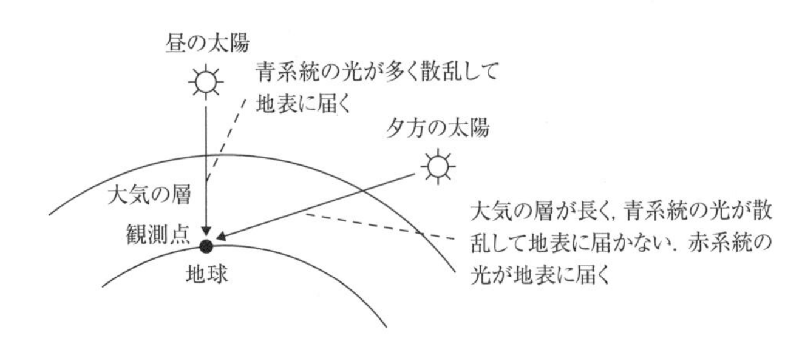

図16　夕焼けが赤く見える理由

夕焼けに関して，古来より「夕焼けの翌日は晴れ」という言い伝えがあるが，これは比較的正しいと言える．日本上空では，偏西風の影響により雨雲は西から東へと移動して行き，そのため，夕方に西の空が晴れわたった夕焼けの翌日には雨雲が来る可能性は低くなるからである．

光の散乱には，先述したレイリー散乱、ミー散乱がある．ミー散乱では，散乱強度は光の波長には依存しない．しかし，厳密に言えば，粒子サイズが波長に近い場合は波長に依存する．タバコから出る煙は青く見えるが，白い紙を当てるとわかるとおり，煙が青いわけではない．煙の粒子は小さく，レイリー散乱が起こり，波長の短い光が多く散乱されるためである．同じタバコの煙でも，口から吐き出される煙は白く見える．煙の粒子に水蒸気が付いて大きな粒子になり，レイリー散乱ではなくミー散乱が起こったためである．

皆既月食時，月が完全に見えなくなるのではなく，赤銅色に鈍く光るのも夕焼けと同じ現象である．皆既月食は，太陽—地球—月が一直線上になる時，月が地球の影の中にすっぽりと収まる．しかし，皆既食の月は真っ暗になって見えなくなるのではなく，赤黒い色に見える．これは，太陽光が地球上空の大気を通過する時，青系統の色は地球上空の空気分子によって強く散乱されて月までほとんど届かないのに対し，赤系統の色は空気分子によって散乱されにくく，弱いながらも大気を通過して月まで届くためである．また，大気がレンズのような働きをして地球の影の中に入り込み，月が赤黒く見えるのである．そして，皆既食の月を写真で撮ると，眼で見るよりも赤く見える．これは，人の眼は暗いと色を感じないが，写真では露出時間を長くできることと，人の眼には見えない赤外線も写真では赤く感じてしまうことによる．

まとめ　日中は太陽光が上方から来るので通ってくる空気層は短いが，夕方は斜めなので通ってくる空気層は長くなる．長い空気層を光が通る時，青い光はレイリー散乱により散乱頻度が多くなり，地球に到着する量は少ない．赤や橙色の光は散乱頻度が少ないので，多くの光が到達する．これが夕焼けが赤く見える理由である．皆既月食の時，月が完全に見えなくなるのではなくて，赤銅色に鈍く光るのも夕焼けと同じ現象である．

･･　24話　月や火星から見た空は何色？　･･

月は地球から見える天体の中で太陽の次に明るく白色に光って見える．自ら発光しているのではなく，太陽光を反射している．月はナトリウム，カリウム等よりなる大気を持つが，地球の大気に比べると10^{17}分の1ほどの薄さで，実質的には真空と言っても間違いではない．したがって，月で気象現象が発生することはない．月面着陸以前，望遠鏡による観測でも大気はないと推定されていたが，1980年代，NASA（アメリカ航空宇宙局）により実際には希薄ながらも大気が存在することが確認された．水の存在も21世紀初頭まで確認されていなかったが，2009年11月，NASAによって南極に相当量の水が含まれることが確認された．ただし，水は極地に氷の形で存在するだけである．

月から見た地球の写真（NASAによる）を**図17**に示す．月の空が黒いのは，月には空気がほとんどないので，空は黒く夕焼けもない．一方，月から見た地球は青く見える．宇宙飛行士ガガーリンは「地球は青かった」と言ったとされている．地球には海があるために青く見えたのだとされ，地球を水の惑星とも呼ばれている．確かに宇宙飛行士が海を見ていることもあるが，月から見た地球は太陽光が地球の空気にぶつかって散乱しているために青っぽく見えている可能性もある．

図17　月から見た地球（NASAの映像）

地上から，月の出，月の入りの頃に赤い月が観測されることがある．これは朝焼けや夕焼けと同様の原理で，月が地平近くにあることから月からの光が大気の中を長く通り，赤以外の光が散乱してしまうことによる．月食によっても発生することがある．

火星表面の大気圧は平均750 Paで，地球の約0.75 %しかない．その大気の組成は，95 %が二酸化炭素，3 %が窒素，1.6 %がアルゴンである．火星の大気には塵が非常に多く，火星の表面から空を見ると，黄色っぽい茶色に見える．また，火星の夕焼けは青色に見えるそうである．これは光が気体の成分による散乱ではなく，大気中に浮遊する塵の粒子のためと考えられている．

火星の大気中に浮遊する塵の粒子の平均サイズは直径約1.5 μmで，その中で大気の塵の１％を構成していると思われている酸化鉄粒子のサイズがやや大きめである．この大きめの赤色の酸化鉄粒子が大気中に浮遊しているため，太陽光の波長が長い赤っぽい光の方が強く散乱されて，昼間の空が黄色っぽい茶色に見える．そして，日没時には青い夕焼けが見える．夕方は，地球と同様，太陽光は昼間よりも長い大気と塵の中を通らなくてはならない．そうすると，赤系統の光がさらに散乱され，散乱されなかった青っぽい光だけが直接観測者に届くというわけである．

まとめ　月から見た地球の写真がNASAによって撮られているが，月の空は真っ黒である．月には空気がほとんどないため，空は黒く，夕焼けもない．月から見た地球が青く見えるのは，地球の海の色と空気によって散乱された光のためである．火星の空は，黄色っぽい茶色に見える．大気の塵に含まれる酸化鉄粒子が赤系統の光を強く散乱するためである．火星の夕焼けは青い．太陽光が長い大気と塵の中を通るので，赤系統の光が強く散乱され，散乱されずに済んだ青系統の光だけが届くためである．

‥ 25話　白い雲はなぜ白く，黒い雲はなぜ黒く見える？ ‥

空に浮かぶ白い雲は，湯気と同じだから水蒸気ではないかと考える人がいるかもしれない．白い雲が湯気と同じだという点では正しいが，水蒸気は気体なので見ることはできない．白い雲は湯気と同じで水滴でできていて，そのサイズは数～数10 μmの範囲である．この範囲の大きさは光の波長より大きいので，レイリー散乱は起きない．むしろミー散乱や非選択的な散乱が起きる範囲である．この範囲では，光の波長による選択的な散乱は起きず，光が水滴に当たって白く見える．

雲ができる上空は3 km以上の場合も多く，そこでの気温は－20～－30℃くらいが普通である．そこでの雲の中は水滴ではなく，氷晶や霰(氷の粒)になっていることが多い．いずれにしても，雲は水滴や氷の粒でできている．水滴や氷の粒は，太陽光によって散乱されて白く見える．

水滴や氷の粒は，空気より密度が大きいため落ちようするが，サイズが小さく，落下速度はゆっくりである．下層に暖かい空気や水蒸気があると，雲の周辺の空気より密度が小さく上に上ろうとする．空気には粘性があるため，水滴や氷の粒(氷晶，雪片，霰)は水蒸気や周りの空気の動きに引きずられて浮かんでいられる．あるいは，一部の水滴や氷の粒は下に落ちてくるが，地上付近では暖かい空気による上昇気流があり，そのためまた雲の中に戻される．また，雲が乾燥空気に触れると，水滴からの蒸発が盛んになって雲が消えることもある．

白い雲はのどやかな感じがして，黒い雲は雲行きが怪しいなどと言って一雨来るのを警戒したりする。では白い雲と何が違って黒く見えるのだろうか．白く見えても，黒く見えても，雲が水滴や氷の粒からできていることは変わらい．ただ，黒い雲の場合，水滴や氷の粒の数が多く，空間体積当たりの密度が大きくなっている．さらに，水滴や氷の粒が成長したり合体したりして，かなり大きくなっている場合が多いと考えられる．白い雲が白く見える，黒い雲が黒く見える理由についての模式図を**図18**に示す．白い雲の場合，水滴や氷の粒の空間体積当たりの密度は小さくて，太陽からの光が散乱して観察者にまで届く確率が高くなり，白色光となる．一方，黒い雲の場合，水滴や氷の粒の空間体積当たりの密度は大きく，散乱光が別の水滴や氷の粒に次々に当たり，散乱光が観察者にまで届かないために黒く見えると考えられる．ただ，黒い雲の端では観察者にまで届く光もあり，黒い雲の輪郭が見える．

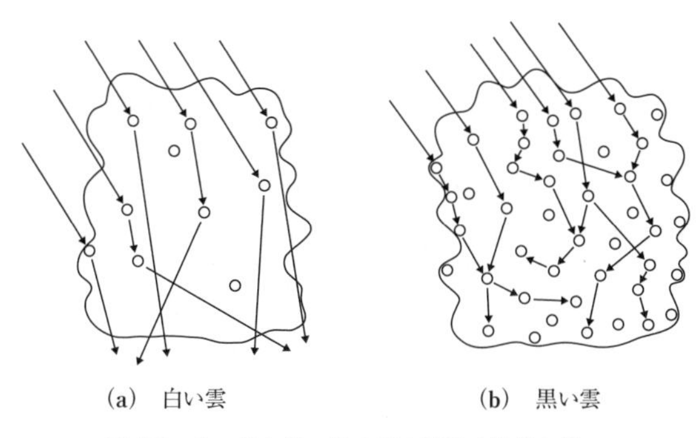

図 18　白い雲と黒い雲の光の散乱の仕方の違い

まだ雨が降っていない場合，雲の中の水滴や氷の粒の大きさは直径 0.1 mm 以下だが，それより大きい場合は，重力が大きくなって空に浮かぶことができず，雨となって地上に降ってくる．したがって，黒い雲の内部では水滴や氷片の粒子の成長が起こっていることになり，黒い雲を見て一雨来そうだという判断は妥当なものだといえる．

上昇気流が非常に強い積乱雲では，上空 10 km 程度まで黒雲が発達することもある．そのような場合，雲の内部で水滴よりも氷の粒が成長し，重いため落下し，一部融けるが，強い上昇気流で再び上昇する．落下と上昇を繰り返すうち，氷の粒が近くに存在する過冷却の水滴や水蒸気を取り込んで成長し，雹（ひょう）になることもある．

また，雲が灰色に見えることがあるが，それは，水滴や氷の粒の空間体積当たりの密度が白雲と黒雲の中間で，散乱光の一部が観察者に届くため灰色に見えると考えられる．

ま と め　雲は水滴や氷の粒（氷晶，雪片，霰）でできている．水滴や氷の粒のサイズは数～数 10 μm で，光が散乱して白く見える．水滴や氷の粒の密度が空気より大きく，下に落ちようとするが，上昇気流によって押し上げられ，空に浮かんでいる．黒い雲の場合，水滴や氷の粒が空間に存在する密度が大きいので，散乱光が別の水滴や氷の粒に当たり，散乱光が観察者にまで届かないため黒く見える．黒い雲の中の水滴や氷の粒の大きさが直径 0.2 mm 以上になると，重力が大きくなり，雨となって地上に降ってくる．

‥ 26話　雨上がりに，なぜ虹は7色に見える？ ‥

虹は，太陽を背にして見上げた空に，雨上がり等で水滴が浮かんでいる時に見ることができる．水滴表面での屈折と水滴内部での光の反射の組合せで生じる．

太陽からの光は，空気から水滴に入る時屈折し，水滴の反対側の表面で反射して再び屈折すると，**図19**に示すようにプリズムの場合と同じように波長の違い(屈折の違い)によって分散される．私たちが見る虹には，上から赤，橙，黄，緑，青，藍，紫の順番になっている主虹が多い．これは，太陽－水滴－人の眼の角度が41～43°(紫が41°，赤が43°)の条件にある水滴だけから7色のスペクトルとして見える．これは，屈折率が各色の波長ごとに異なる(赤：1.330，紫：1.344)からである．人の眼を頂点とした円錐の底面の円部分に水滴があることになる．

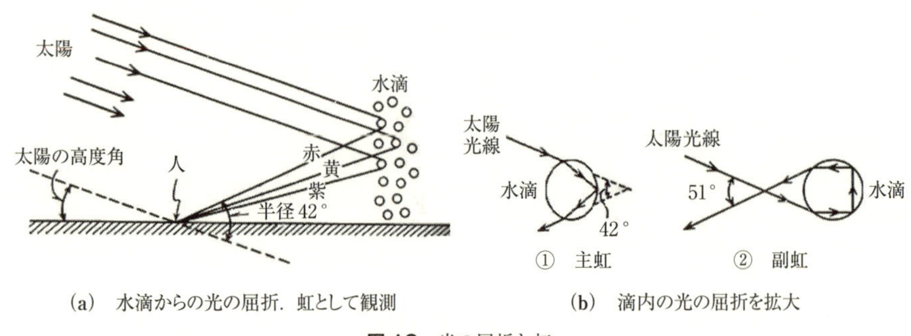

(a)　水滴からの光の屈折．虹として観測　　(b)　滴内の光の屈折を拡大

図19　光の屈折と虹

晴れた日に太陽を背にしてホースで水をまくと，約42°の方向に虹が見える．このことは，**図19**(a)に示す条件が満たされていれば，水滴が人工的なものであってもよいことを示している．水滴の直径0.05～0.5 mm程度が虹の見えやすい条件になっている．太陽を背に公園の噴水を見ても虹は見える．また，太陽を背にして水をスプレーしても虹が見える．この場合，立って水をスプレーすると高い位置に，座ってスプレーすると低い位置に見え，近い位置でスプレーすると虹の円弧の半径は小さく，遠い位置にスプレーすると虹の円弧の半径が大きくなることが確かめるられる．また，高い台の上に立ってスプレーすると，虹を円として見ることができる．

また，**図19**(b)に示すように，主虹の上の視半径51°の所にも，内側が赤，外側が紫(主虹と反対の色の配列)の虹が現れることがある．これは，副虹(第2の虹)と呼ばれ，水滴の中で光が2回反射してできるものである．太陽と見る人との位置関係が約51°となるような水滴では，水滴内を2回反射して出てくる光が，ちょうどうまくスペクトルになって眼に入ることになる．この場合，反射が2回あるため，屈折率の大きい方の紫の光が上側へくる．水滴内を2回反射して出てくる光を見ているので，副虹の光は弱くぼんやりとしか見えない．このように考えると，3次，4次等のたくさんの虹の存在が予想されるが，実際には光がだんだん弱くなってほとんど見ることはできない．

まとめ　雨上がりの晴れた日，太陽を背にして約42°の方向の空を見ると，上から順に赤，橙，黄，緑，青，藍，紫色の円弧の帯，虹が見えることがある．太陽からの光が空気から水滴に入り，屈折，反射して再び屈折する時，プリズムと同じように波長の違いによって光が分散されるからである．屈折率は各色の波長ごとに異なるため，人の眼は上から順に違った水滴からの光を見ているためである．

‥ 27話　蜃気楼(しんきろう)はなぜ発生する？ ‥

蜃気楼は，密度の異なる大気の中で光が屈折して，地上や水上の物体が浮き上がったり，逆様に見えたりする現象である．光は同じ密度の大気中では直進するが，密度が異なると屈折したり，反射したりする．空気の密度が違う場合，光は高密度に向かって進路を変更するが，空気団の気温差も光の進路を曲げる原因となる．

人間の眼に映る像は光が飛び込んできた方向にあり，光の進路が曲ると通常と異なる景色が見える．蜃気楼の種類は，幻の像が上位，下位，側位のいずれに現れるかによって分かれる．上位蜃気楼は，上位に元の物体および幻の像が現れ，水面や地面の下に隠れた景色等が見えることもある．富山湾や琵琶湖の周辺でよく見られる．下位蜃気楼は，真の物体の下位に幻の像が現れ，浮島や逃げ水等が見える．真夏の直射日光に照らされたアスファルトの道等に逃げ水として現れるが，その典型的なものに砂漠の蜃気楼がある．

富山湾の春の蜃気楼は，湾岸の魚津市，氷見市等で毎年4月から6月の間に見られ，発生回数は年に1～15回とまちまちである．また，春の蜃気楼の発生時間も数分から数時間とバラツキがある．蜃気楼の起こりやすい条件は，朝の冷え込みがあり日中の気温が18℃以上，風は魚津市の海岸で北北東の風速3m以下の微風とされている．**図20**(a)に魚津市沖で観測された蜃気楼(1994年4月6日)の写真を示す．建物群の上に反転像が現れて背中合わせになっている上位蜃気楼である．(b)の実景と比較すると，蜃気楼の現れ方がよくわかる．

(a)　魚津市沖で観測された蜃気楼(1994年4月6日)

(b)　実景

図20　蜃気楼と実景［出典：http://www.city.uozu.toyama.jp/nekkoland/mirageex/，2015.12.3 アクセス］

日本列島は西からの移動性高気圧に覆われ，夜間の放射冷却現象によって冷やされた空気層が富山湾海面上空に数 m から 10 数 m に形成される．その後，日の出と共に暖まった空気は，冷えた海面上の層と混ざることなく蓄積され，下位に冷たい空気層，上位に暖かい空気層が形成されることで蜃気楼が現れる．立山連邦からの雪解け水が海に流れ込むことで海面付近の空気が冷やされるとも言われている．

北海道別海町の野付半島付近や紋別市では，気温が－20℃以下になった早朝，日の出直後の時間帯に太陽が四角く見えることがあるが，これも蜃気楼の一種と言われている．

砂漠の日中は太陽熱で砂が熱くなり，地面近くの空気温度が上がって密度が小さくなる．それため，上方の空気との密度差が生じて，遠くの景色からの光が下方に屈折することで砂漠の蜃気楼となる．暑い道路を車で走っていると，前方の道路が濡れているように見える．先に述べた逃げ水，あるいは浮島現象と呼ばれる下位蜃気楼の現象である．この現象は，季節や時間を問わず発生する．

まとめ　蜃気楼は，密度の異なる大気中で光が屈折し，地上や水上の物体が浮き上がったり，逆様に見えたりする現象である．通常，光は直進するが，空気の密度が違うと屈折したり，反射する．富山湾の春の蜃気楼は，移動性高気圧の下で夜間の放射冷却によって冷やされた空気層が海面上に形成され，日の出とともに暖まった空気が冷えた海面上の層の上に層を形成し，空気に密度差ができて蜃気楼が出現する．夏，道路に発生する逃げ水は，砂漠の蜃気楼と同じ種類の蜃気楼である．

‥　28話　日の出前，日没後に薄明るいのはなぜ？　‥

日の出，日の入りの時刻は，太陽の上端が地平線と重なった瞬間のことである．西洋の言い回しに，「夜明け前が一番暗い」という言葉がある．「苦難の期間は，終わりかけの時期が最も苦しい」という意味である．この場合の「夜明け」が日の出を指すのであれば，この言い回しは間違いである．実際には，日の出の約90分前(薄明の始まり)から明るくなり始める．また，「夜明け」が闇夜の終わり，明るくなり始める時(薄明の始まり)を表しているのなら，この言い回しは正しいと言える．同様に，日没の瞬間に暗くなるのではなく，その後約90分は薄暮と呼ばれる薄明りの状態にある．

では，日の出前，日没後の薄明りはなぜ起こるのか．これは，地平線または水平線から太陽が見えなくなっても，太陽からの光が地球上空の空気や細かい塵によって散乱されて地球上に届くからである．人は上空の空気等によって散乱された光を見ている．日の出前，**表5**(p.20)の外気圏に太陽光線が届くようになったら薄明が始まったと考えらる．この時，外気圏の空気は非常に薄く，散乱される光も非常に微かである．日の出が近づくにつれ，熱圏，中間圏，成層圏，対流圏の順に太陽光線からの散乱光が届くようになり，それらの空気の密度が大きくなり，散乱される光も多くなるために明るさが増してくる．

日の出や日没の時間帯では，空は赤色や橙色に彩られる．これは空気分子や大気中の微粒子による太陽光のレイリー散乱が原因で，光の波長よりずっと小さな分子や微粒子による散乱が，波長に依存することによる．紫色や青色のような波長の短い光は，黄色や赤色等の波長の長い光に比べて強く散乱されることで紫色や青色の成分が消える．このことは，太陽が高い位置にある時に比べて日光が通過する大気の層が厚くなるので，日の出や日没の際にはより強くなり，赤や橙色に見えるようになる．日没後，空は次第に暗くなるが，西の空には赤や橙色が多少残っている．その色も時間の経過と共に消えていく．同様に，日の出前，太陽光が地球上空の空気によって散乱されて薄明りの状態になるが，日の出が近づくにつれて太陽から届く光の量が多くなり，東の空は次第に赤や橙色に変わっていく．

写真家の間では，日の出前10分程度，日没後10分程度をブルーモーメントと称して青色に包まれた光景を撮ることが行われている．ブルーモーメントは，天気の良い夜明け前と日没の後の僅かな時間に現れる一面がブルーの光に包まれる現象である．晴れた日の昼間，太陽光は空気分子や細かい塵等の粒子にぶつかって波長の短い青い光が散乱し，空は青く見える．この状態で，何らかの方法で直進する太陽光がなく，散乱した青い光だけが残るようにできると，あたり一面は青くなるはずである．この魔法のようなことができる時間帯が1日に2回ある．一つは，西の地平線に太陽が沈んだ日没直後，太陽から直進した光は地上には届かなって暗くなるが，太陽光はまだ上空には届くので上空の空気分子や塵等で散乱した青い光が地上に届く．これがブルーモーメントである．もう1回は，日の出直前，まだ太陽が地平線の下にあって上空には太陽光が届くが，地上には届かない時である．ブルーモーメントの時間は日本では10分程度だが，白夜のある北欧では数時間に及ぶこともある．ブルーモーメントは，雲一つない晴れた日だけでなく，東に雲がない日の出前，西に雲がない日没後にも発生する可能性がある．人の眼の仕組みは，明暗には敏感だが，色には鈍感である．また，白色光に対するホワイトバランス機能を持つため，ブルーモーメントが現れていてもよほど注意して見ないと見逃してしまう．

デジタルカメラは，人間の眼で見えるように撮ることを基準に設計されているため，そのままオートで撮ると見た目に近い写真になる．ブルーモーメントを意識して写真を撮るには，光の量に合わせて露出補正をする必要がある．日没直後のブルーモーメントが始まったばかりの時は，まだ空に明るさが残っているので露出補正は－1～－2段アンダーに設定し，ブルーモーメントの終了に近い時は空の光が弱くなるので＋1～＋2段オーバーにした方がきれいに撮ることができる．

まとめ　地平線または水平線から太陽が見えなくなっても，太陽からの光は地球上空の空気や細かい塵によって散乱され，地球上に届く．人は薄明りの中で上空の空気等によって散乱された光を見ている．日の出前10分程度および日没後10分程度をブールーモーメントと称して青色に包まれた光景を写真に撮っている．これは，天気の良い夜明け前と日没後の僅かな時間に太陽光が空気や細かい塵等の粒子にぶつかって波長の短い青い光が散乱して届くためである．

第５章　汚れた空気ときれいな空気

5

‥ 29話　タバコはなぜ健康に良くない？ ‥

喫煙は，タバコの葉を乾燥，発酵等の工程を経て加工した嗜好品に火をつけてくすぶるように燃焼させ，その燃焼ガスと煙を吸引する行為である．喫煙の効用には，覚醒作用，リラックス作用，発想の転換を促す効果等があると言われ，生活様式の一部として，社会の中に浸透している．

タバコの煙は，喫煙時にタバコ自体やフィルタを通過して口腔内に達する主流煙と，これを吐き出した呼出煙，点火部から立ち昇る副流煙に分けられる．いずれもエアロゾルの形状をなす粒子相と気体からなる気相に分けられる．有害物質の発生は主流煙より副流煙の方が多い．主流煙は酸性だが，副流煙はアルカリ性で目や鼻の粘膜を刺激する．気相には一酸化炭素，窒素酸化物等のガス，粒子相にはフィルタで捕捉できる程度の大きさの粒子成分であるニコチンやタール等が含まれる．
タバコの煙には，現在，わかっているだけで4,000種類以上の化学物質が含まれている．そのうち有害であることがわかっているものだけでも200種類を超えている．中でも，ニコチン，タール，一酸化炭素は3大有害物質と言える．

粒子相に含まれるニコチンは，$C_{10}H_{14}N_2$の化学式を持つ無色の油状液体で，精神作用があるとされ，毒物及び劇物取締法に明記されている毒物でもある．WHO(世界保健機関)は，ヘロインやコカインと同程度に高い依存性があると発表している．一方で，依存性薬物ではあるものの，身体的な依存性は非常に弱く，その精神依存性は弱いとする学者もいる．ニコチンは脳の中枢神経系に作用し，胃の収縮力を低下させ，吐き気や嘔吐を起こしたりする．また，心臓・血管系には急性作用があり，血圧上昇，末梢血管の収縮，心収縮力の増加等が見られる．

ニコチンは有害物が入らないように設けられた脳の関門を容易に通り抜けることができ，脳内の快楽をもたらす部位に作用することがわかっており，このことがタバコ依存につながるものと考えられている．

ニコチンの毒性は青酸に匹敵すると言われており，中毒量は1～4 mg，致死量は30～60 mgである．1本のタバコには10～20 mgのニコチンが含まれており，個人差もあるが，喫煙1本当たり3～4 mgが吸収される．急性ニコチン中毒のほとんどは乳幼児のタバコの誤食により起こっており，乳幼児の場合の致死量は10～20 mgで，1本のタバコの誤食で死亡する可能性もある．

気相に含まれている一酸化炭素は，血液中のヘモグロビンと結合するとカルボキシヘモグロビンになる．ヘモグロビンは身体の隅々に酸素を運ぶ役割を担っている．一酸化炭素とヘモグロビンの結合力は酸素の240倍と強力なため，一酸化炭素が体内に入ると，ヘモグロビンの酸素運搬能力を低下させ，全身的な酸素欠乏を引き起こす．1本のタバコの喫煙でカルボキシヘモグロビンは1～2％増加すると言われている．その分，酸素欠乏を招いているわけである．タバコの煙の一酸化炭素は，虚血性心疾患，末梢動脈疾患，慢性呼吸器疾患，さらに妊娠時の胎児への影響等が心配されている．

喫煙時に生ずるタールは，有機物を熱分解した際に生まれる．タールにはベンツピレンをはじめ，アミン類等の数10種類の発ガン物質が含まれている．また，タールは呼吸器系の疾患をも引き起こすと考えられている．

タバコの煙には，アセトアルデヒド，アンモニア，スカトールをはじめとする臭いの元となる成分が200種類以上含まれているが，喫煙者は嗅覚疲労により感じにくくなる．また，タールが含まれているため，衣服やエアコンのフィルタ等に吸着した臭いは取れにくくなる．

WHOによると，世界で喫煙による死亡者は年間490万人いて，受動喫煙がガン等の深刻な健康被害を引き起こすことに疑問の余地はないと主張している．

ま と め　タバコの煙は，喫煙時に口腔内に達する主流煙，これを吐き出した呼出煙，点火部から立ち昇る副流煙に分けられる．各種の有害物質の発生は，主流煙より副流煙の方が多い．タバコの煙の有害な化学成分は200種類を超えているが，ニコチン，タール，一酸化炭素が3大有害物質である．ニコチンは脳の中枢神経系に作用し，血管系にも障害を与える．一酸化炭素は血液中のヘモグロビンと結び付き，全身的な酸素欠乏症を引き起こす．タールには数多くの発ガン物質が含まれている．

‥ 30話　窒素酸化物はどのように発生する？ ‥

窒素酸化物は，窒素原子(N)と酸素原子(O)が結合して生成される物質の総称で，よくNOxと表示される．窒素酸化物には，一酸化窒素(NO)，二酸化窒素(NO_2)以外に，亜酸化窒素(一酸化二窒素)(N_2O)，三酸化二窒素(N_2O_3)，四酸化二窒素(N_2O_4)，五酸化二窒素(N_2O_5)等の化合物があり，大気汚染物質として重要なものはNOとNO_2で，大気汚染の分野では窒素酸化物と言えばこの2つを指す．大気の常時監視では，自動測定機を用いてNOとNO_2をそれぞれ独立に測定している．窒素酸化物が生成される要因としては，次の2つがある．1つは，石油等の燃料が燃焼する際，燃料中に含まれている窒素が燃焼時に大気中の酸素と結合して生成されるもので，燃料(fuel)に由来するためfuel NOxと呼ばれる，もう1つは，燃料等が高温で燃焼する際，空気中に約80％含まれている窒素が大気中の酸素が反応して生成するもので，高温燃焼時の熱(thermal)に由来するため thermal NOxと呼ばれる．例えば，天然ガスボイラの排ガスや石炭が燃焼した場合の窒素酸化物は，そのほとんどが燃料中の窒素化合物に由来することが知られている．

工場や事業場のボイラ(重油，都市ガス等)，自動車のエンジン(ガソリン，軽油等)，家庭のコンロやストーブ(都市ガス，プロパンガス，灯油等)等で燃焼させると，その過程で必ずNOxが発生し，燃焼温度が高温になるほど発生量が多くなる．発生源(工場の煙突や自動車の排気管等)から大気中にNOxが排出される段階では，そのほとんどはNOが占めているが，大気中を移動する過程で大気中の酸素と反応してNO_2に酸化され，大気中ではNOとNO_2が共存している．窒素酸化物は，大気汚染防止法で「ばい煙」に指定されており，代表的な大気汚染物質として規制，監視の対象となっている．

空気汚染物質の二酸化硫黄(SO_2)等の硫黄酸化物(SOx)は，石油や石炭等の化石燃料中に含まれる硫黄が燃える際に発生する．日本の高度経済成長の時代，工場からの煙等に含まれる硫黄酸化物による大気汚染が進行し，大きな問題になった．現在，脱硫装置の導入等の様々な対策や規制の結果，その濃度は急速に減少した．

これに比べ，窒素酸化物を低減させる技術は，空気中に窒素が多量に含まれていることもあり，より困難なのが現状である．そのうち，燃焼方法の改善は，現行の排出規制に応じて実用化されてきた技術があり，低減効果は20～50％程度である．しかし，燃料中の窒素化合物に起因するものを除去することができず，窒素分の少ない軽質燃料とこの方法との組合せを進めていくことが必要である．脱硝技術のうち，LPG，LNGのような軽質燃料の燃焼排ガスについての技術は，実用化の域に達している．ただし，全固定発生源において使用されているエネルギーの約6割を占める重油，原油の燃焼排ガスについての脱硝技術はなお開発途中である．

自動車についての窒素酸化物の排出低減技術は，ガソリンエンジンに対しては様々な方式等が実用化されており，さらなる低減化の研究開発が進められている．ディーゼル車，トラック等の排出する窒素酸化物は，排出量が多いにもかかわらず低減化するのが技術的に困難で，現在，自動車からの排出の多くを占めている．ディーゼル車に用いる軽油燃料には不純物が多く，窒素分も多い．ディーゼル車は燃費が良いので，ヨーロッパを中心に窒素酸化物の排出低減技術の開発が進んだ．これが評価されて，世界各地でディーゼル車の普及は進んだが，2015年にフォルクスワーゲン(VW)車の排ガス不正が発覚して問題となっている．この問題は，ディーゼル車において燃費と排ガス浄化を両立させることが困難な技術であることを示している．

窒素酸化物の人体への影響については，NO_2に関する報告例が多くあるが，NOに関しては少ないのが現状である．NOは血液中にまで入ってメトヘモグロビンを作り，中枢神経に作用し，痙攣や麻痺を起すと考えられている．NO_2は刺激性で，NOより水に溶けやすいため肺組織に吸収され，喉，気管，肺等の呼吸機能に悪影響を与える．高濃度のNO_2は，急性気管支肺炎，閉塞性気管支炎を起し，重症時には肺水腫により死に至る．NO_2の慢性影響も主に呼吸器に対する障害である．

窒素酸化物は，揮発性有機化合物(VOC)とともに太陽の紫外線により光化学反応を起こして光化学オキシダント(Ox)を生成し，光化学スモッグの原因ともなる．

ま と め　窒素酸化物の中で大気汚染物質として重要なのはNOとNO_2で，NOxと表示する．NOxには，燃料中に含まれている窒素が燃焼時に酸素と結合して生成するfuel NOxと，燃料が高温で燃焼する際に空気中の窒素と酸素が反応して生成するthermal NOxとがある．工場のボイラ(重油，都市ガス等)と自動車のエンジン(ガソリン，軽油等)の排ガスがNOxの主原因である．NOは血液中に入って痙攣や麻痺を起こし，NO_2は肺組織に吸収されて呼吸機能に障害を与える．

‥ 31話　大気中に浮遊する粒子状物質はどのように発生する？ ‥

粒子状物質は，μmの大きさの固体や液体の微粒子で，大気汚染物質のことを指す．粒子の大きさを直接測定することが困難なので，ある粒径分布を持った粒子群が50％の捕集効率で分粒装置を透過する微粒子として定義されている．例えば，PM2.5は，粒子径2.5μmで50％の捕集効率を持つフィルタを通して採集された粒子径2.5μm以下の微粒子の集合である．

微粒子として直接大気中に放出されるものを一次生成粒子と言い，粗大粒子が多く，滞空時間は数分から数時間，数～数10kmを移動する．一次生成粒子は，煤煙，粉塵，土壌粒子，海塩粒子，タイヤ摩耗粉塵，花粉，カビの胞子等からなっている．

気体として放出されたものが大気中で微粒子として生成されるものを二次生成粒子と言い，微小粒子が多く，滞空時間は数日から数週間，数100～数1,000kmを移動する．成分は硫酸塩，硝酸塩，アンモニウム塩，有機化合物，金属や水を含んだもの等からなる．二次生成粒子は，化学反応，核生成，凝縮，凝固，水滴への溶解，析出等によって生成される．発生源は，石炭，石油，木材の燃焼，原材料の熱処理，製鉄等の金属製錬，ディーゼルエンジンの排ガス等である．

粒子状物質の健康被害は，人間が呼吸を通して微粒子を吸い込んだ時，鼻，喉，気管，肺等の呼吸器に沈着することで起こる．粒子径が小さいほど肺の奥まで達して沈着する可能性が高く，沈着部位は粒子径によって複雑な変化をする．

WHOは，粒子状物質を含む大気質指針を定めている．それによると，PM10は24時間平均50μg/m^3，年平均20μg/m^3，PM2.5は24時間平均25μg/m^3，年平均10μg/m^3となっている．これが理想であるが，これより数倍緩い暫定目標を示し，各国の状況に応じて独自の基準を設定することを認めている．

日本は，1972年，浮遊粒子状物質(SPM)の基準を初めて設定した．現状は，SPMが1日平均値100μg/m^3以下，1時間値200μg/m^3以下，PM2.5が1年平均値15μg/m^3以下，1日平均値35μg/m^3以下となっている．基準を上回る状態が継続すると予想される時は，大気汚染注意報を発表して排出規制や市民への呼びかけを行う．また，自動車NOx･PM法でも三大都市圏の中心地域において一部の自動車に排ガス規制措置が執られている．高度成長期以降，自動車輸送の進展に規制が追いつかず，バブル期までは悪化の一途を辿ってきた．2003年10月から，首都圏でディーゼル車規制条例により排出ガス基準を満たさないディーゼル車の走行規制が始まり，SPM の環境基準達成率が大きく向上した．

中国では，華北を中心に，暖房用燃料の使用が増える冬季に PM2.5 による大気汚染が悪化する傾向がある．2013 年 1 月の激しい汚染は 3 週間も継続し，呼吸器疾患患者が増加し，工場の操業停止や道路，空港の閉鎖等の影響が生じた．北京市内の多くの地点で環境基準(日平均値 75 μg/m^3)の 10 倍に近い 700 μg/m^3 を超えた．PM10 や PM2.5 の濃度上昇の原因は，石炭の燃焼による排気成分，自動車排気，煤煙等と分析されている．

先進国の一部地域では WHO 指針値に近いレベルまで削減させることに成功している一方，途上国では，家庭での薪の使用に加え，都市部で自動車の使用が増大して汚染が深刻化する傾向にある．1990 ～ 1995 年の時点で途上国の年平均濃度は先進国の 3.5 倍である．WHO は，PM10 の濃度を 70 μg/m^3 から 30 μg/m^3 に減らすことができれば，世界の大気汚染に関連する年間死亡者数 330 万人を 15 %減らせるだろうとしている．

図 21 に PM2.5 の発生と健康被害に至る経路を示す．

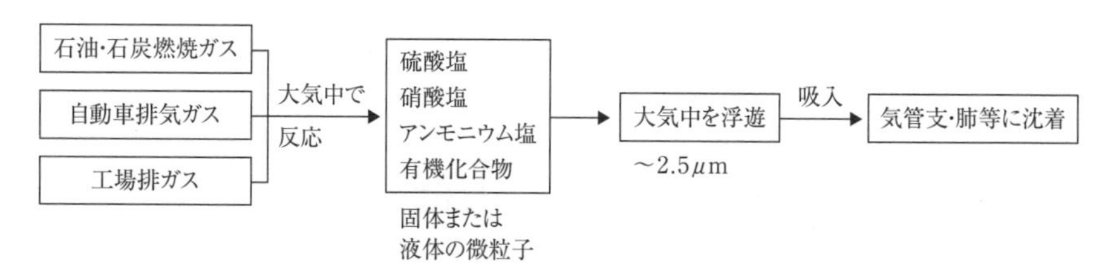

図 21　PM2.5 の発生と健康被害に至る経路

> **まとめ**　粒子状物質は，μm の大きさの固体や液体の微粒子で，人の呼吸器系に沈着し，健康被害を及ぼす大気汚染物質である．発生源は，石炭，石油，木材の燃焼ガス，自動車等のディーゼルエンジンの排ガスが主である．日本では首都圏等で一時大気汚染が悪化したが，ディーゼル車規制により改善した．中国では近年 PM2.5 の激しい汚染が問題となっている．

‥　32話　光化学スモッグはなぜ発生する？　‥

光化学スモッグは，オゾンやアルデヒド等からなる気体成分の光化学オキシダント(酸化性物質)と硝酸塩や硫酸塩等からなる固体成分の微粒子が混合して，周囲の見通しが低下した状態を言う．光化学オキシダントは，工場，自動車等の排ガスから出てくる窒素酸化物と炭化水素とが光化学反応を起こし生じるオゾンやパーオキシアシルナイトレート($R\text{-}CO_3NO_2$)等の酸化性物質の総称である．

化石燃料を燃やすと高温で酸素と反応し，含有する硫黄分から主として二酸化硫黄(SO_2)が，燃焼空気中の窒素から主として一酸化窒素(NO)が生成する．硫黄酸化物は他にSO_3が，窒素酸化物は他にNO_2, NO_3等があり，それぞれの酸素の数をxで表して，硫黄酸化物をSOx，窒素酸化物をNOxと呼ぶ．大気中に放出されたSO_2は，大気中の水酸化ラジカル(OH)との気相反応で硫酸(H_2SO_4)になる．

$$SO_2+2\,OH \rightarrow H_2SO_4 \qquad (4)$$

一方，NOは主として大気中のオゾン(O_3)によって酸化されて二酸化窒素(NO_2)になり，生成したNO_2はOHと素早く反応して硝酸(HNO_3)になる．

$$NO+O_3 \rightarrow NO_2+O_2 \qquad (5)$$

$$NO_2+OH \rightarrow HNO_3 \qquad (6)$$

これらの反応では，水酸化ラジカル(OH)が重要な働きをしている．OHはオゾン(O_3)の光分解で生成する酸素原子(O)と水蒸気との反応，亜硝酸やアルデヒドの光分解で生成する．

これらの反応は光化学オキシダントと光の存在によって進行し，光のある日中に汚染された大気中でOH濃度およびNOx, SOx濃度が高くなり，硫酸，硝酸の生成が活発になる．これらの濃度が高くなると，目や喉の痛み，めまい，頭痛等の健康被害を生じる．光化学オキシダントの1時間値が0.12 ppmを超えると光化学スモッグ注意報が発せられる．光化学スモッグは，夏に多く，日ざしが強くて風の弱い日に発生しやすい傾向がある．有害なガス成分は市販のマスク等では除去しにくいため，光化学スモッグ注意報や警報が発令された時は，窓を閉め，外出を控えることが最善の対策となる．

一方，雲や雨にSO_2が溶け込んで亜硫酸イオン(HSO_3^-)になり，これが過酸化水素(H_2O_2)や酸素と反応して硫酸が生成する．また，NO_2とO_3から生成するNO_3やN_2O_5と水との反応で硝酸ができる．これらの反応は，夜間における硫酸，硝酸の生成過程として重要で，酸性霧発生の原因となる．大気中に発生した硫酸や硝酸は，雲や雨に吸収されて酸性雨として地上に降下する(湿性沈着)．また，硫酸は硫酸エアロゾル(液滴)になったり，アンモニアと反応して硫酸アンモニウムエアロゾル(固体粒子)になる．一方，硝酸はアンモニアと反応して硝酸アンモニウムエアロゾルを形成する．これらのエアロゾルもゆっくりと地上に降下し(乾性沈着)，土壌，湖沼水等の酸性化の原因となる．

NOx や SOx の発生源は，工場，自動車の排気ガス等の化石燃料の燃焼だけでなく，火山や海洋等の自然からの発生もある．火山が活動している所では硫黄成分が多く，SO_2 が発生する．海洋からできる有機硫黄化合物は，水酸化ラジカル(OH)で酸化されて SO_2 となる．SO_2 の反応には数日かかり，発生源から数 1,000 km の範囲で，NOx は発生源から数 100 km の範囲で酸性雨を起こす．したがって，たとえ自国で NOx や SOx を放出していなくても，外国で発生した NOx や SOx の酸性雨が降ってくることになる．日本では，冬季に日本海側に酸性雨が降りやすいことから，中国大陸や朝鮮半島から NOx や SOx が偏西風に乗ってやってくる可能性が指摘されている．

日本での光化学スモッグの発生件数は，1970 年代をピークに減少傾向にあるが，ヒートアイランド現象や中国からの大気汚染物質の流入等の影響により増加している大都市地域もある．

まとめ　光化学スモッグは，大気中のオゾンやアルデヒド等からなる酸化性物質が大気中の硫黄化合物や窒素化合物と光の存在下で反応し，硫酸，硝酸等の有害成分が高濃度になることで発生する．これらの濃度が高くなると，眼や喉の痛み，めまい，頭痛等の健康被害を生ずる．光化学反応では，オゾンの光分解で生成する酸素原子と水蒸気との反応やアルデヒドの光分解で生成した水酸化ラジカルが重要な働きをする．日差しが強い夏，工場，自動車等の排気ガスの汚染が多い地域で発生しやすい．

‥　33話　花粉でなぜアレルギーになる？　‥

春先にスギ，ヒノキ等の花粉が飛んで，アレルギー症状を起こす人たちが増えている．花粉は風や虫等によって運ばれ，植物の繁殖にとって大切な役割をしている．飛散時期は，スギ花粉が2月から4月の中旬ぐらいまで，ヒノキ花粉が3月から5月までである．スギ花粉症は約2,500万人が患っていると考えられている．

花粉症の報告は戦前にはほとんどなかった．戦後復興で日本では木材の需要が急速に高まり，各地にスギ，ヒノキ等の植林を大規模に行った．その結果，1970年以降，スギ花粉の飛散量は爆発的に増加し，花粉症患者の増加につながった．輸入木材に押されて国内木材の需要が低迷したため，大量に植えたスギの伐採や間伐が停滞し，スギの個体数が増加したことも花粉症が増加する要因となっている．一方，都市化により土地がアスファルトやコンクリート等で覆われ，一度地面に落ちた花粉が風や車の通行で何度も舞い上がって再飛散する状態になっている．加えて，自動車，工場の排気ガスや光化学スモッグ等を長期間吸引し続けることによりアレルギー反応が増幅され，花粉症を発症，悪化させているとも言われている．

スギ花粉は20～40 μm，ヒノキ花粉は30～40 μmの大きさである．スギ花粉は風に乗って遠距離を飛散し，飛距離は数10 km以上，時には300 km以上も飛び．花粉の飛散量が多いほど花粉症の発生患者は増加する．症状は，くしゃみ，鼻水，鼻詰まり，目のかゆみに加え，咳等の喉の疾患や肌のかゆみ等が発生する．重症化すると，喘息，気管支炎，頭痛，発熱が起こることもある．

アレルギーとは，免疫反応が特定の抗原（アレルゲン）に対して過剰に起こることを言い，免疫反応は外来の異物（抗原）を排除するために働く生体にとって不可欠な生理機能である．アレルギー反応が正当な防衛であっても，過剰に反応することで自分の体に障害を与えてしまうものにもなる．

アレルギー反応には4つの種類があり，花粉症はハウスダスト，ダニ，真菌等と同じⅠ型に分類されている．Ⅰ型反応の場合，異物が侵入してきたときに迎え撃つのは免疫グロブリン（Ig）という抗体である．Ig抗体には5種類あるが，花粉症，アトピー性皮膚炎，喘息等のアレルギー性疾患に関係しているのがIgE抗体である．すべての人の血液にはIgE抗体が1 mL中に0.03 ng程度含まれているが，アレルギー性疾患があると，その数100倍になる．

異物である花粉（抗原）が鼻や口を経由して体内に侵入し，鼻粘膜等に達すると，

IgE抗体が生まれる．IgE抗体は，血液中の主に鼻関連リンパ組織内で生まれ，鼻，眼，喉，気管の粘膜に広く分布している肥満細胞に結合し，抗体ができる．一度この抗体ができた人体に再び花粉が侵入すると，速やかに排除しようとして抗原抗体反応が起こる．この刺激が細胞内に送られると，ヒスタミン，セロトニン等の生理活性物質を放出し，これにより血管拡張等が起こり，くしゃみ，鼻水，鼻詰まり，かゆみ等の症状を引き起こす．**図22**に花粉症の発生機構を示す．

大気汚染物質の中でもディーゼル排気中の微粒子(DEP)は，花粉症に対してアジュバント作用があると言われている．アジュバント作用は，体がスギ花粉を外敵だと認めるのを手助けする作用である．DEPが体内に入ると通常の3～4倍もの抗体が生み出され，花粉に敏感に反応するようになってしまうという報告がある．

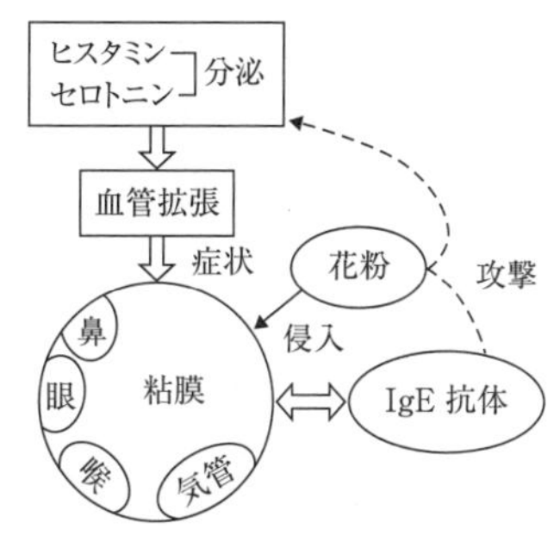

図22　花粉症の発生機構

花粉症には根治療法がないのが実情で，対症療法が行われている．処方薬物としては，抗ヒスタミン薬，第二世代抗ヒスタミン薬等の抗アレルギー薬やステロイド，漢方薬等が用いられている．

まとめ　アレルギーは，免疫反応（生体が自己以外と判断したものに攻撃する反応）が特定の抗原に対して過剰に起こり，自分の体に障害を与えるものである．異物である花粉が鼻粘膜等に達すると抗体が生じ，鼻，眼，喉，気管の粘膜に分布している肥満細胞に結合し，生理活性物質を放出する．これにより血管拡張等が起こり，くしゃみ，鼻水，鼻詰まり，かゆみ等の症状が現れる．

‥ 34話　光触媒を使ってどこまで空気を浄化できる？ ‥

最近，二酸化チタン(TiO_2)からなる光触媒が注目を集めている．酸化チタン光触媒には，汚れの分解，消臭・脱臭，抗菌・殺菌等の作用がある．

酸化チタンは絶縁体だが，アナタース型はバンドギャップエネルギーが3.2 eVなので，波長が388 nm以下の光を吸収することができる．酸化チタンに波長が388 nm以下の紫外線を当てると，次式のように電子と正孔を生成して電気をわずかに通す．これらの電子と正孔が光触媒反応を起こすことになる．

$$TiO_2 + 光 \rightarrow e^-(電子) + h^+(正孔) \qquad (7)$$

空気中の酸素が酸化チタン表面で電子と正孔によって活性化され，反応性の高い活性酸素を生成する．光触媒は，活性酸素として，O, O^-, O_2^-, O_3^-を生成するが，O, O^-等の原子状の酸素が最も強い酸化力を持ち，有機物を二酸化炭素と水に完全酸化する．さらに，光触媒は超親水性を発現する．超親水性は，付着した水滴が横に広がって水膜になることを言う．正孔によって生成した酸素空孔がOH基を吸引するため，水分子が次々と表面に吸着して水膜を形成する．

ビルの壁や窓ガラスに酸化チタン光触媒を塗って汚れを落とすことが行われている．光触媒をエクステリア等に塗布することで汚れの原因となる有機物を分解し，雨水と共に汚れを一掃して表面をきれいに保つことができる．海岸沿いや汚れやすい地域の住宅，窓ふきができない高所の天窓等では効果的である．その原理を**図23**に示す．

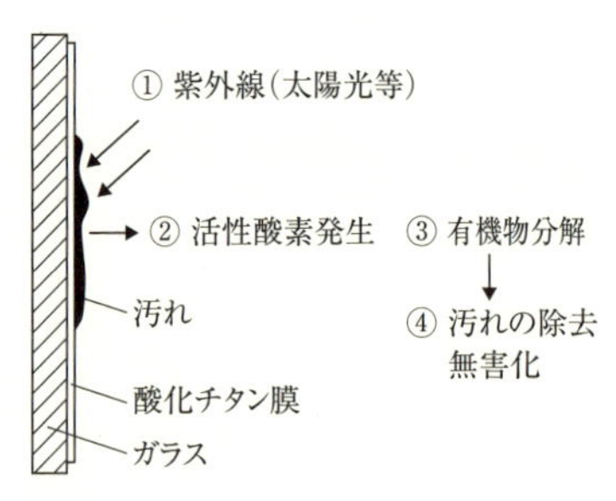

図23　光触媒の汚れの分解，除去の原理

まず太陽光からの紫外線が外壁や窓ガラスに塗ってある酸化チタンに当たると，活性酸素が発生する．次に，外壁や窓ガラスに付着している微量の油等の有機物を活性酸素の強い酸化力で分解して浄化する．さらに，超親水性により光触媒の表面が水との馴染みが良くなり，水の膜が汚れの下に入り込んで汚れを洗い流す．超親水性は紫外線の吸収によって発生し，一度生成した超親水性状態は紫外線がなくてもある程度持続する．したがって，紫外線の強い晴れた日に光触媒が汚れを酸化分解しつつ表面を超親水性状態にし，雨の日には雨水

で汚れを洗い流すことができる．このように，有機物分解と超親水性による表面水膜形成によって外装建材の表面をきれいにすることを光触媒の自己洗浄機能と言う．

近年の大気汚染の主役は，浮遊粒子状物質(PM)やNOxになってきている．光触媒の強力な酸化力でこれらを無害化できることはわかっている．しかし，外壁や窓ガラスに酸化チタン光触媒を塗って大気汚染の原因物質を無害化するためには，光触媒の表面積が小さすぎると考えられる．それでも，最近は舗装道路，歩道や防音壁の表面に光触媒を塗って自動車の排気ガスからの浮遊粒子状物質やNOxを減らそうとする試みがなされている．光触媒を道路等の空気の浄化に使うにはさらなる工夫が必要だと考えられる．

光触媒の超親水性を利用して，自動車のサイドミラーや道路ミラー等の曇り防止に応用されている．ミラーを酸化チタンでコーティングしておけば，水が撥ねても，超親水性のため表面で水滴とならず，そのまま流れ落ちる．また，油性の汚れが付いても強力な酸化作用で分解し定着しない．

光触媒の強力な酸化作用を応用して，殺菌処理にも利用されている．病院の手術室の壁，床を酸化チタンでコーティングすることで，ブラックライト(紫外線ランプ)を照らすだけの容易な殺菌処理が可能となる．この方法は既に製品化されており，一部の病院で利用されている．

まとめ　酸化チタンの光触媒を塗布した外壁等に紫外線が当たると，電子と正孔が生成され，酸素と反応して強い酸化力のある活性酸素が生成する．活性酸素が汚れの成分である有機物を分解し，二酸化炭素と水を生成して無害化する．光触媒は，超親水性の作用もあるので表面が水となじみが良くなり，水があると水の膜が汚れの下に入り込んで汚れを洗い流す．最近，道路，防音壁の表面に光触媒を塗り，自動車の排気ガスからの浮遊粒子状物質やNOxを減らそうとする試みがなされている．

‥　35話　森の空気はなぜおいしい？　‥

都会に住んでいる人が，森へ行くと空気をおいしく感じるのは気のせいなのであろうか．

都会と森とを比較すると，都会の場合，工場，車等の排気ガスが多く，そのせいで都会の空気をマズイと感じるかもしれないとは想像できる．比較する場合の一つのポイントは酸素である．人間にとって酸素は非常に大切で，酸素を体中に運ぶことによって体が順調に機能する．都会と森の酸素の量を比較した場合，都会では自動車，工場，人間等が吐き出した二酸化炭素や，窒素酸化物，二硫化酸素，一酸化炭素，浮遊粒子状物質等が多い状態になっている．森の場合，植物が二酸化炭素や窒素酸化物等を吸って酸素を吐き出すため，都会より汚染物質が少なく，酸素の割合が多い状態となる．酸素に味があるわけではないが，酸素の含有量が多い森であれば，人間の神経や各器官が安定し，清々しい気分になり，空気がおいしいと感じることにつながると思われる．

森には，おいしい水をつくる力もある．森の地面は，落ち葉や枯れ枝と土の中に棲む生き物によってとても柔らかくなっており，雨を吸収する．森はこの働きのおかげで大雨が降っても洪水等が起こりにくくなっている．森に降った雨は地面の中にしみ込み，その過程でろ過され，不純物等が取り除かれていく．また，岩や石の間を流れる間にミネラルを吸収し，おいしい水ができることになる．森の水がおいしいことが森の空気がおいしいことにつながっている．

森の空気をおいしいと感じるのは気のせいではなく，木々からフィトンチッドと言ういい香りの成分が出ているからである．このフィトンチッドは，様々な微生物や昆虫から身を守るために植物が作り出しているものだと考えられている．また，フィトンチッドには消臭効果等もあり，空気を浄化する力を持っているとも言われている．森に癒しやリラックスの効果があるのは，フィトンチッドのためと言われている．

フィトンチッドは，微生物の活動を抑制する作用を持つあらゆる植物の根，幹，枝，葉から発散する化学物質である．レニングラート大学のトーキン教授が命名したもので，フィトン（植物）、チッド（殺す）と言う意味である．フィトンチッドは，植物が傷つけられた際に放出する殺菌力を持つ揮発性物質で，アルカロイド，配糖体，有機酸，樹脂，タンニン酸等の複合物質である．

どんな植物でも，生命活動の過程の中で，新陳代謝に関連して病原微生物と闘うことを助けるフィトンチッドを分泌する．植物はフィトンチッドによって自らを消毒し，殺菌している．

似たような性質を持つ物質にファイトアレキシンがある．ファイトアレキシンは植物が昆虫に食害された時，病原菌に感染した時だけに生合成され，昆虫を忌避したり，病原菌を殺菌する物質である．これに対してフィトンチッドは常時生合成されている．ファイトアレキシンはフラボノイドやテルペノイドに属するものが多いが，精油に含まれる成分に比べると，分子量が大きく揮発性はずっと低い．フィトンチッドの元の意味から外れて，ファイトアレキシンも含めた殺菌力を持つ物質全般や，植物が生合成する生理活性物質全般をも総称してフィトンチッドと言うこともある．

フィトンチッドは空気中の成分としては希薄だが，ある学者の計算によると，地球上の全植物から1年間に放出されるフィトンチッドの量は，約1億7,500万tになる．フィトンチッドは嫌なニオイを消しながら，目に見えないダニやカビ，細菌を抑制する．フィトンチッドが空気をきれいにするのはもちろんのこと，免疫力を向上させ，アトピー，花粉症，喘息等のアレルギーやストレス，イライラも軽減すると言われている．

最近では，森林の効果を「こころ」と「からだ」の健康に活かす試みも始まっている．森林浴は，木々の緑，花の色，木々や土の香り，川のせせらぎ，鳥の鳴き声，樹皮や葉の肌触り，森に息づく命等をからだ全体で感じることである．このように森林の力を利用して，医療やリハビリテーション，カウンセリング等に応用することを「森林セラピー」と言う．

まとめ　森では植物が二酸化炭素や窒素酸化物等を吸って酸素を吐き出すため，都会より汚染物質が少なく，酸素が多く，清々しい気分になる．森の空気をおいしいと感じるのは気分のせいだけではなく，植物からフィトンチッドと呼ばれるいい香りの成分が出ているからでもある．フィトンチッドは，微生物や昆虫から身を守るために植物が作り出している．フィトンチッドは，嫌な臭いを消しながら，目に見えないダニ，カビ，細菌を抑制し，消臭効果，空気を浄化する力を持っていると言われている．

第６章　室内の空気

‥　36話　換気はなぜ必要？　‥

多くの人は生活時間の90%を屋内で過ごすと言われている．家，職場，学校，店，病院，娯楽施設，車等の乗り物も屋内である．そこでの空気は，屋外に比べて健康により強く影響を与えると考えられている．屋内の環境は空気の容積が限られており，空気の汚染度合いも屋外に比べ10～50倍も高いとされている．

最近の家屋は昔に比べて気密性が高く，窓，戸等の隙間を通しての自然換気だけでは十分な換気が得られない．室内の空気はいろいろな原因で汚れ，ガス，粉塵，微生物等を含み，新鮮な空気にするための換気が必要である．空気清浄機は，粉塵，微生物等は除去するが，酸素を作り出したり，二酸化炭素を減らしたりはできず，外気との交換が必要になる．エアコンは汚染物質を出さないが，一部の機種を除いては換気能力がなく，長時間使用時は換気が必要となる．

室内で人が活動することで空気は汚れていく．吐く息からの二酸化炭素や湿気はもちろんのこと，風邪引きの人はウイルスを空気中に吐き出していることになる．寝具にはアカやフケ，ダニの糞や死骸，繊維カス等があり，それらが布団の中でこすれて微粒子になり，空気中に大量に浮遊する．日本は湿度が高いため，微生物等の汚染が問題となる．花粉症の原因物質である花粉，カビの胞子，ハウスダスト，シックハウスの原因物質である揮発性化学物質もある．暖房器具等から発生する二酸化炭素や湿気，調理によって発生する二酸化炭素や有機ガス等が室内に留まる．さらに，タバコを吸う人がいる場合は，有毒なガスが発生するので換気の必要性がより強くなる．

閉め切った室内におけるガスストーブや石油ストーブによる暖房，湯沸しのガス器具の不具合等により，場合によっては新鮮な空気の補給がないと酸欠状態になり，猛毒の一酸化炭素が発生することがある．一酸化炭素は無色，無臭で，空気よりやや軽いため天井から溜まり始め，気が付いた時には手後れという場合がある．その毒性は非常に強く，人体への影響として頭痛，めまい，吐き気等を起こし，時には死に至ることもある．

換気は，一般的に外気を取り込んで室内空気と混合させて，汚染物質濃度を低下して室外に排出する方式がとられる．方法は，給気の吹出し口と排気の吸込み口によって気流分布を作り，室内空気を均一化させる．一般家庭では主に換気扇が使われるが，換気扇は空気の出口となるので，窓を開けるか，上方にある空気の取入れ口を開けるなどして風の通り道を確保することが必要である．

換気をする効果には，新鮮な空気の供給，除湿，除塵，脱臭の4つがある．

① 新鮮な空気の供給　必要な新鮮空気を取り入れ，代わりに汚れた空気を排出する．また，火気使用の際に必要な酸素を供給し，不完全燃焼を防止する．

② 除湿　最近の建物は密閉度が高く，暖房の際に生じる結露によるカビの発生や，床や壁の傷みが問題になる．湿気の籠もった室内の空気を排出することで，人と住まいにやさしい環境が保てる．

③ 除塵　空気中のホコリには有害な雑菌が付着していることがある．また，喫煙者のいる家庭では，タバコの煙が十分に換気されていないと，1～2年で天井，壁，家具，装飾品の白い部分が黄ばんでくることもある．塵埃を排出することは，衛生的な環境を作り出せるばかりでなく，ホコリが排出されるので，掃除も楽になる．

④ 脱臭　不快感の原因となる臭気(体臭，タバコ等)を室外へ排出する．トイレ，調理室等の局所的に臭いが発生する場所だけでなく，一般的な居室にも効果的である．

次に換気の目安について考えてみる．人間1人が1時間で必要とする空気量は約20～30 m^{3}と言われている．30坪程度の住宅中の空気量は，だいたい240 m^{3}である．4人が住んでいるとすると，1時間では120 m^{3}程度の空気が必要になる．2時間に1回室内の空気がそっくり入れ換わる換気量が目安と言われている．冬場，窓を開けての換気は億劫になりがちだが，ストーブ使用時には一酸化炭素等の有毒ガスが発生する可能性があるので，特に空気を入れ換えるように心がける必要がある．喚気のポイントは風の通り道を作ることである．

まとめ　多くの人は生活時間の90％を屋内で過ごす．屋内環境は空気の容積が限られ，空気の汚染度合いは非常に高い．最近の家屋は気密性が高く，窓，戸等の隙間を通しての自然換気だけでは十分な換気は得られない．室内には，人が出す二酸化炭素，湿気，アカ，フケ，ダニのフン，死骸，微生物，カビの胞子，ハウスダスト，揮発性の化学物質，暖房器具等から発生する有毒ガスや湿気，タバコの煙から出る有毒ガス等がある．除湿，除塵，脱臭等の観点からも新鮮な空気の入れ替えは必要不可欠である．

‥ 37話　シックハウスとは何？ ‥

家を新築あるいはリフォームしてから体調が悪くなったという人が最近増えている．倦怠感，めまい，頭痛，湿疹，喉の痛み，呼吸器疾患等に襲われ，医者に診てもらっても原因がわからず，自宅療養をしていたら症状が悪化したというケースが多くある．室内空気汚染がシックハウスとして認知されるようになったのは1990年代のことで，主として化学物質が原因とされている．シックハウスによる体調不良のことをシックハウス症候群と呼ぶ．

室内空気の汚染源の一つに，家屋や家具製造の際に利用される壁紙，接着剤，合板，難燃剤，塗料等に含まれるホルムアルデヒド等の有機溶剤，木材を昆虫，シロアリ等の食害を防ぐ防腐剤等から発生する揮発性有機化合物（VOC）があるとされている．空気中のホルムアルデヒド濃度が0.1 ppmを超えると刺激臭を感じ始め，0.5 ppmを超えると目に刺激臭を感じると言われている．現在のホルムアルデヒド濃度の国の基準値は0.08p pmになっている．厚生労働省のシックハウス問題に関する検討会によると，アルデヒド以外にもトルエン，キシレン，エチルベンゼン，スチレン，パラジクロロベンゼン等の有機化合物について濃度指針が示されている．また，カビや微生物による空気汚染も体調不良の原因となり得る．**図24**にシックハウスの原因と症状を示す．

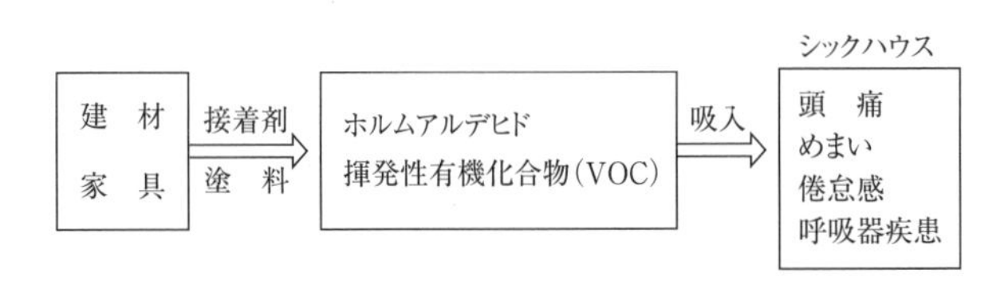

図24　シックハウスの原因と症状

最近の住宅は，冷暖房効率の向上のため気密性に優れており，換気が不十分になりやすくなっている．また，高度経済成長期の住宅建材に使われたプリント合板に代表される新建材等にホルムアルデヒド等の有機溶剤が用いられ，1990年代より室内空気の汚染が問題視されてきた．そして，同種の問題は新築・改築のビルやマンション，病院等でも起きたケースも報告されている．また，新車でも同様の症状が報告されていて，シックカー症候群としてメディア等で取り上げられている．

シックハウスの原因物質を減らすためには，十分な換気，建築材料等の制限が必要である．近年では，VOC 放散量の低い建材，接着剤，塗料が開発，発売されている．カビや微生物が原因となるので，これらの発生防止や除去等も必要となる．そして，日常生活で使用する殺虫剤，香料等がシックハウスの原因となる場合もあるので注意を要する．また，換気設備を積極的に利用することが必要である．

シックハウス対策のための規制は，2003 年，建築基準法の改正が行われ，建築材料をホルムアルデヒドの発散速度により区分しての使用制限，換気設備設置の義務付け，天井裏等の建材の制限，防蟻剤使用建材の制限等が行われている．日本建材センター（BCJ）が自主評価業務として独自基準で新建築技術認定（BCJ アグレマン）を行っており，その中の一つに VOC 低減建材がある．

空気清浄機にはフィルタ式のものが多い．この方式は，微粒子を除去できるが，ホルムアルデヒド，VOC 等の分子状の気体は除去できない．最近，光触媒を用いた空気清浄機がいろいろな場所で使われてきている．光触媒の酸化チタンの表面に紫外線を当てることにより強力な酸化力を持つ活性酸素を生み出す．粒子状の汚れ成分だけでなく，ホルムアルデヒド，VOC 等の分子状のものも酸化分解して取り除くことができ，シックハウス対策にも有効である．光触媒を用いた空気清浄機には紫外線が必要だが，室内環境では紫外線は微弱なため，発生器を内蔵しているものが多い．また，原因物質を分解する空気清浄機能のついたエアコンもある．

まとめ　シックハウスは，主として化学物質による室内空気汚染のことで，それによる体調不良をシックハウス症候群と呼ぶ．原因物質には，家屋等の建設や家具製造の際に利用される壁紙，接着剤，合板，塗料等に含まれるホルムアルデヒド等の有機溶剤，木材をシロアリから守る防腐剤に含まれる揮発性有機化合物があり，使用規制が行われている．シックハウス対策としては，十分な換気，新建材等の使用制限がある．光触媒を用いた空気清浄機がホルムアルデヒド等を酸化分解するので，シックハウス対策に有効である．

‥ 38話　空気清浄機はどのように室内の空気をきれいにする？ ‥

室内空気汚染の原因物質には，PM2.5等の浮遊粒子状物質，粉塵，花粉，ハウスダスト等の浮遊する細かい粒子，さらにシックハウスとして認知されている接着剤，塗料等に含まれるホルムアルデヒド等の有機溶剤，VOC，そしてカビ，微生物等，100種類以上がある．また，生活空間での臭いは，汗臭，排泄臭，タバコ臭，生ゴミ臭等があり，その原因物質はアンモニア，酢酸，アセトアルデヒド等の10種類程度がある．これらに空気浄化の薬剤で対応することが困難である．

空気清浄機は，室内空気汚染の原因物質，臭いの原因物質を取り除くことを目的としている空調家電製品である．

空気を清浄にすることを換気によって行っているが，清浄な空気を取り入れるべき場所も汚染されてきたため，能動的に空中の汚染物質を取り除く空気清浄機が登場した．

花粉症が問題となった1990年頃から空気清浄機を使う人が増え，吸着フィルタを備えたファン式清浄機が一般化し始めた．花粉，ハウスダスト等の比較的落下しやすいサイズの微粒子の集塵に対しては実用になるものが増えた．2000年代に入ると，タバコの煙，花粉等だけではなく，カビや雑菌の除菌を目的とした需要が増え出した．ファン式は，ファンにより強制的に空気を吸い込み，フィルタでろ過し，きれいになった空気を吹き出す方式である．多くのファン式空気清浄機は，HEPAと呼ばれる目の細かい不織布のフィルタで微粒子を集塵，ろ過し，臭いについては活性炭で吸着する方法をとる．しかし，この方式の空気清浄機は，シックハウスのような家屋や家具から発生する有害ガス，タバコからの一酸化炭素等には対応できない．フィルタで集塵するので，有機ガス等の分子状の気体は通り抜けてしまう．

その解決には，分子状の気体をも分解，除去する光触媒を用いた空気清浄機が有効である．**34話**で述べたように，光触媒では，表面に紫外線が当たると強い酸化力のある活性酸素を生成し，有機物等を分解して無害化する．**図25**に光触媒を用いた空気清浄機の構造を示す．プレフィルタで粒子状物質のタバコの煙，揮発性有機化合物，カビ，花粉，微生物，臭い成分等を捕集し，次に光触媒フィルタで汚れ成分を酸化分解，除去する．光触媒フィルタは，酸化チタンをフィルタ表面に塗布しただけでは剥がれやすいため，シリカ系やアルミナ系のバインダで固定する．光触媒作用には紫外線が必要なので，光触媒フィルタの近くに紫外線ランプを置く．

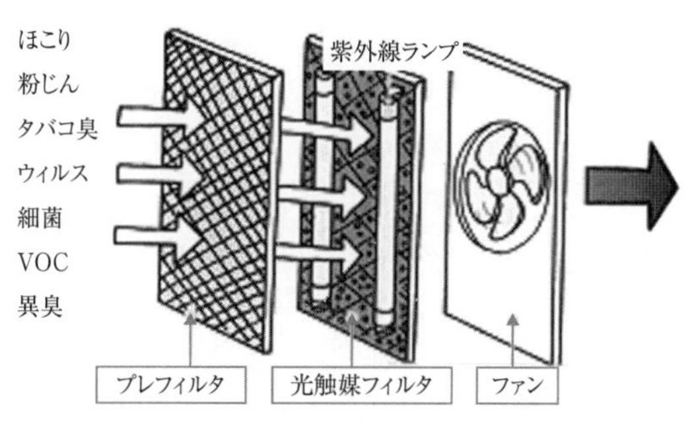

図 25　光触媒を用いた空気清浄機の構造［出典：藤島昭・村上武利監修／著，光触媒ビジネスのしくみ，p.83，日本能率協会，2008.7］

最近は紫外線ランプに短波長 LED が使われるようになってきている．

光触媒は，カビや微生物の表皮を酸化分解して殺せるし，窒素酸化物も酸化して硝酸にして除去できるが，大量の臭気物質等を処理することはできない．光触媒反応が表面反応であり，活性酸素ができる効率が低いからである．そこでプラズマで生成した酸素ラジカル等の活性種による酸化分解と，その際に発生する紫外線による光触媒の効果により反応を加速させる方法がある．

光触媒を用いた空気清浄機は，ホテルの鮮魚加工所，レストランのゴミ処理施設，病院や研究所等の実験動物施設等で設置が進んでいる．光触媒が効果の持続性が高く，環境負荷が小さい点も設置の動機になっている．

まとめ　空気清浄機は，室内に浮遊する粉塵，花粉，ハウスダスト等の細かい粒子や臭気を取り除く家電製品である．ファンによって強制的に空気を吸い込み，HEPA フィルタでろ過し，きれいになった空気を吹き出す方式が一般的である．ただし，フィルタ方式ではホルムアルデヒド等の分子状の気体は取り除くことができないので，最近では光触媒を用いた空気清浄機がいろいろな場所で使われている．汚れの粒子や気体を酸化分解して取り除くことができ，シックハウス対応や殺菌にも有効である．

‥ 39話　1台のエアコンでどうして冷房も暖房もできる？ ‥

エアコンは冷房と暖房とを行うが，冷房時には媒体を膨張させて熱を逃がし，暖房時には媒体を圧縮させて発生する熱を利用する．その媒体は，フロン12（沸点－29.8℃）がアンモニア等に代わって登場したが，オゾン破壊物質として使用禁止になって代替フロンに置き換わり，さらに炭化水素ガス等に置き換わってきた．
近年，家庭用のエアコンは暖房と冷房の両方が使えるヒートポンプのタイプがほとんどである．冷房時は，液体が蒸発する時に蒸発熱を周囲から奪って気化することを利用し，暖房時は，気体から液体に圧縮する時に多量の熱を放出することを利用している．

図26にエアコンに用いられている気体液化ヒートポンプの仕組みを示す．冷房時には，液体が蒸発する時に蒸発熱を周囲から奪うことを利用する．**図26**を見ると，50℃くらいの液体を膨張機で気体を蒸発させることで5℃程度の気体が得られ，これを冷房に利用している．液体を蒸発させるだけでは持続的な冷房ができないため，蒸発した気体を圧縮機で液化し，循環して使用する．圧縮機で凝縮する時にエネルギーを使うが，その時余分の熱が発生するので，外器から逃がす．

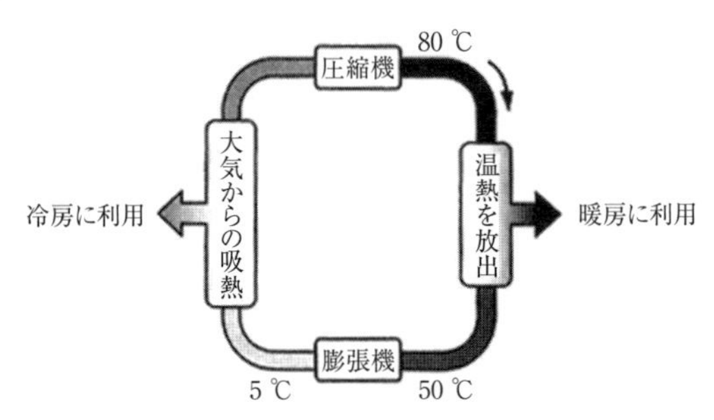

図26　気体液化ヒートポンプの仕組み

図26では，暖房時，圧縮機で気体が液化する時の温度が上昇して80℃くらいになるが，この温熱を暖房に利用する．液体になった媒体は，室外機の熱交換器で室外の空気を利用し蒸発が行われ，気化する．気化させることで室外の空気から熱を奪い，温度を上げて圧縮機に吸入される．圧縮機は媒体ガスを圧縮し，再度室内へ媒体を送り出す．エアコンは，圧縮機で圧縮した時の熱および室外の空気から

奪った熱で高温の媒体を作り出し，室内機へ送っている．

暖房時には室外機に水滴が溜まる．これは熱交換器を通り抜ける室外の空気から媒体の蒸発で熱を奪う時，空気中の水蒸気が冷やされて水滴になるからである．水滴は熱交換器表面に付着して室外機底に溜まり，排水される．

この気体液化ヒートポンプは，冷暖房だけではなく，冷熱や温熱を必要とする様々な装置や設備で使われている．例えば，ビルの冷熱や温熱を利用するシステムでは，夜間の余剰電力を利用して冷凍を行って氷を製造し，その冷熱を利用して昼間の冷房の効率を上げたり，温熱を利用して給湯に使うこと等が行われている．

まとめ　最近の家庭用エアコンは暖房と冷房の両方が使える気体液化ヒートポンプのタイプが多い．エアコンは，冷房時には気体を膨張させて熱を逃がし，暖房時には気体を圧縮させて発生する熱を利用する．冷房時は，液体が蒸発する時に蒸発熱を周囲から奪って気化し，暖房時は，気体が液化する時に熱を放出することを利用する．気化および液化により熱の移動をもたらす冷媒には一時フロンが用いられたが，代替フロンに，さらに炭化水素等に置き換わっている．

‥ 40話　除湿機，加湿器はどのように湿気を調節する？ ‥

梅雨の時期には，雨が多く，気温が上がり，ジメジメとして湿気が多くなり，カビが発生する．さらに，結露，ダニ等の害虫，押入れの臭い，畳の表面が波打つ，床がペコペコする，壁やタンスの後のシミ等，湿気が原因のことが多い．

湿気が多い時期，除湿機を使う機会が多くなる．除湿機には，コンプレッサ式とゼオライト式がある．

コンプレッサ式は，冷媒をコンプレッサで圧縮して液体にし，それを軽く冷やす．今度は，その外気温ほどまで冷やした液体を急激に圧力の低い所に吹き出し，断熱膨張で冷やす．原理はクーラや冷蔵庫と同じである．クーラ等では外に水が出るが，これは冷たいコップに水滴が付くのと同じ理屈である．空中の水分が水滴となって除去されるため，空気は乾燥する．これが除湿の仕組みである．

クーラは奪った熱は室外機から放熱するが，一体になっている除湿機ではそのようにできず，冷えた空気と温かい空気を混ぜて吹き出すことになる．その結果，温度は変わらないように思えるが，コンプレッサを動かすモータが発熱するので空気温度は1～2℃だけ高くなる．コンプレッサ式の除湿能力は比較的高いが，空気を冷やし，結露させて除湿する仕組みのため，室温が15℃より低い場合には性能を発揮できない．そのため，梅雨時等の気温が高い時の除湿に向いている．除湿のための熱交換機に露が付き，運転が終わったら送風にして乾かす．湿ったままではカビが発生する心配がある．

ゼオライト式は，ゼオライトという鉱物の粒を充填した円盤に空気を通す．ゼオライトは非常に細かい孔を多く含んだ鉱物で，いろいろな気体を吸着し，吸湿性もある．そのため，空気を通すだけで乾燥できる．ただ，吸湿したゼオライトを乾燥する必要がある．ゼオライト鉱物の円盤上半分に空気を通した場合，それがグルグル回って反対側に来た時，ヒータで温める．すると水分が蒸発し，ゼオライトは乾燥し，吸湿性が回復する．温められて出てきた湿度の高い空気は，乾燥させるため吸い込んだ空気で冷やされる．すると湿気が容器内で水滴になるが，その水は回収できる．ゼオライト方式の特徴は，寒い時でも除湿能力が衰えないということである．しかし，ヒータを使うため，消費電力が大きくなる．また，出てくる空気はコンプレッサ式同様に温かく，この温度上昇は3～8℃と，かなり大きくなる．

エアコンにも除湿機能はあり，室温が比較的に高い場合，弱冷房にすれば部屋の湿度も下がる．エアコンでは，本来なら室外に捨てる熱を引っ張ってきて温度が下がらないようにして湿度を下げている．

冬に空気が乾燥すると，風邪をひきやすくなったり，肌あれが起きたりする．風邪のウイルスは，低温乾燥の環境で空気中の飛散量が増加する．空気が乾燥すると，喉の粘膜が乾燥して炎症を起こしやすくなり，ウイルスを防御する力が衰える．また，寒気が肌の血行や新陳代謝を悪くし，皮脂や汗が出にくくなり，冷たく乾燥した風が肌の水分を奪い，結果，肌の水分が不足して肌あれすることになる．

加湿器には，水を沸騰させて湯気を送り出すスチーム式，水を超音波で細かなつぶつぶにして吹き出す超音波式，風を送って水を蒸発させる気化式の３つがある．スチーム式と気化式が一般的で，両者の長所を取り入れたハイブリッド式もある．冬場の乾燥対策には，こうした製品でなくても，観葉植物やコップの水を部屋に置くだけでも加湿の効果があるし，ヤカンにお湯を沸かすなどの方法もある．

まとめ　除湿機のうちコンプレッサ式は，冷媒をコンプレッサで圧縮して液体を吹き出し，気体の断熱膨張で冷やす．その際，冷やされた空気中の水分が水滴となって除去される．ゼオライト式では，多孔質鉱物のゼオライトを充填した円盤に空気を通し空気中の水蒸気を吸着して乾燥する．加湿器には，水を沸騰させて湯気を送るスチーム式，水を超音波で細かな粒にして吹き出す超音波式，風を送って水を蒸発させる気化式の３つがある．観葉植物やコップの水を部屋に置くだけでも加湿の効果がある．

第７章　スポーツと空気

‥　41話　カーブはなぜ曲がる？　‥

野球投手が投げたボールには空中で2つの力が加わる．一つは重力，もう一つは空気の圧力(気圧)である．空中でボールが曲がることに関係しているのは，気圧の方である．

直径7.4 cmの硬式ボールの表面積は約172 cm²であり，これを平地の大気圧(1気圧)で換算すると，全体で約177 kgの力がボールに加わっている．しかし，この力はボールのあらゆる方向から同じ力が加わっており，実際には力を相殺してプラスマイナスゼロになっている．この安定した状態ではボールは変化しない．しかし，何らかの方法でボールの左側だけの気圧を下げることができれば，ボールは右側の高い気圧によって左側の低い気圧の方に押し流される．例えば，右投げの投手がボールに対して，上から見て反時計回りの回転を掛けたボールを投げたとする．その場合，**図27**に示すようにボールの進行方向に対して右側の圧力が大きくなり，左側の圧力が小さくなる．

回転しながら進行するボールを上から見てどのような力が働くかを考えてみる．

ボールの進行方向は画面左側なので，ボール付近の空気の流れは画面右方向に向いている．ボールの画面上側は，空気の流れに逆らって回転している．空気に粘性があるため，ボール表面の空気を引きずりながら画面下側に送り込むことになる．空気を送り込まれた画面下側の空気の速度は，画面上側より速くなる(マグナス効果)．

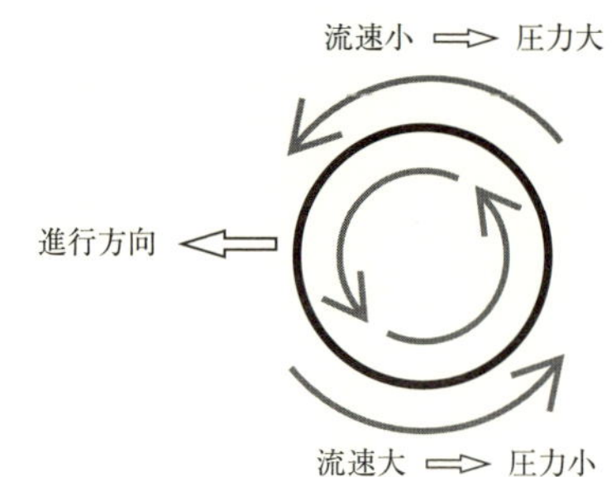

図27　進行方向に対して反時計回りの回転を掛けたボール(ボールを上から見た図)

この空気の流れによってどのような力がボールに働くかは，ベルヌーイの定理を用いる必要がある．ベルヌーイの定理とは，流体(ここでは空気)の速度をv，密度をρ，圧力をpとすると，空気のような外力のない非粘性，非圧縮性の流体の定常な流れに対して式(8)が成立する．

$$(1/2)v^2 + p/\rho = \text{一定} \tag{8}$$

この式(8)は流体に関するエネルギー保存則である．この式を**図27**の回転しているボールに適用すると，速度の速い画面下側の圧力が小さく，速度の遅い画面上側の圧力が大きくなる．速度が速いと圧力が小さくなることは，速度の速い気流は空気が薄くなると考えればよい．それにより，圧力の高い画面上側の空気がボールを画面下側へ押し出す(実空間では左側に押し出す)ため，ボールが左側にカーブする．ボールの回転量が多いほど圧力差が大きくなってカーブは大きく曲がることになる．

横に変化する変化球はスライダーと呼ばれる．カーブとスライダーの違いは何であろうか．

スライダーは，途中まではストレートのように見え，ホームベース付近で横や縦に急に曲がる変化球のことだと説明されている．カーブは，投げた瞬間から変化が始まる変化球で，これがスライダーとカーブの違いと説明されることが多いようである．プロアマ問わず，自分ではスライダーを投げているつもりでも，実はカーブであった，ということはよくある話である．スライダーとカーブの違いは，どこまでストレートに見えるかということで，明確な定義はなく，相対的な違いである．

まとめ　ボールの進行方向に向かって反時計回りに回転を与えると，ボールの右側は空気の流れに逆らって回転していて，空気に粘性があるためにボール表面の空気を引きずり，空気の流速が左側に比べて遅くなる．この状態にベルヌーイの定理を当てはめると，速度の大きい流体の場所は圧力が小さく，速度の小さい流体の場所は圧力が大きい．速度の小さい左側は右側に比べて圧力が小さいので，ボールが左側にカーブする．ベルヌーイの定理は，空気のような流体の速度と圧力に関するエネルギー保存則である．

·· 42話　フォーシームは真っ直ぐなのに，ツーシームはなぜ変化する？ ··

フォーシームもツーシームも直球系のボールである．フォーシームで投げたボールは強いバックスピンが掛かり，ボールの地面に近い下から上に向かう回転である．ボールの下半分では，回転によって上側に送る空気の流れが生じる．その結果，上側の空気の速度が下側より速くなり，式(8)のベルヌーイの定理により流速の大きい上側の空気の圧力が下に比べて小さくなり，ボールは浮き上がろうとする．ボールは，重力によって放物線を描いて落下しようとする力と，バックスピンの回転による浮き上がろうとする力との合力によって軌道が決まる．そのため，キャッチャーミットに入るまではほぼ真っ直ぐに進む．スピードが速く，バックスピンの回転が非常に強い場合，実際にボールは浮き上がる．そういう意味ではフォーシームも変化球の一種と考えていいかもしれない．

フォーシームもツーシームも直球系のボールだが，ボールの握り方の違いで回転の掛かり方に違いが生じる．**図28**にフォーシームとツーシームの握り方を示す．指の形は全く同じで，縫い目に指を掛ける(フォーシーム)か，添えるのか違いだけである．フォーシームは縫い目に指を掛けるため，縫い目から指が離れる瞬間にボールの下側を鋭く押し上げる方向に強いバックスピンが掛かる．フォーシームは縫い目に指をかける状態をいつも同じにでき，ボール1回転の間に縫い目は90°ごとに4回規則的に現れ，ボールが安定する．

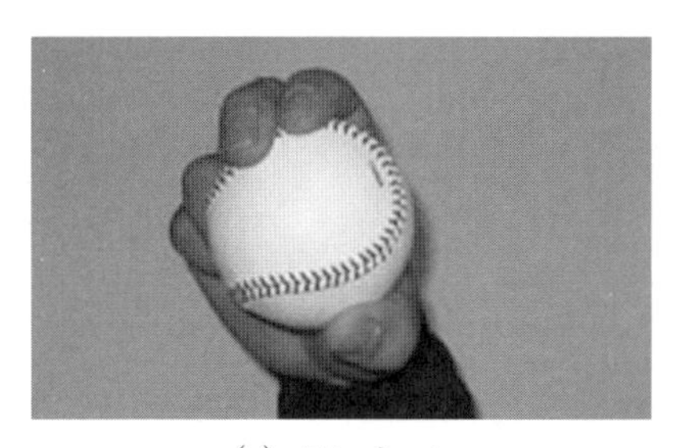

(a)　フォーシーム

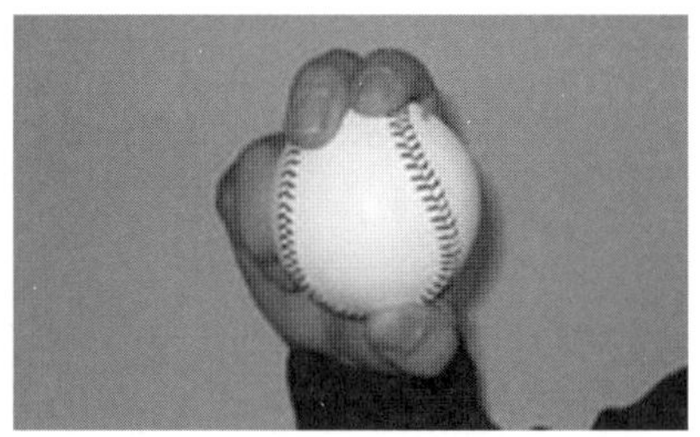

(b)　ツーシーム

図28　フォーシームとツーシームの握り方[http://henkanigiri.com/09.html, 2015.12.3 アクセス]

メジャーの投手はストレートが微妙に変化すると言うが，その多くはツーシームを投げている．ツーシームは指が縫い目に掛かっていないため，バックスピンの回転はあまり掛からない．また，ツーシームではボールが１回転する間に縫い目が２回現れ，しかも縫い目の位置が狭い範囲に集中するため，縫い目によって空気の流れが偏って下向きの力が働く．そのうえ，バックスピンがあまり掛かっていないので，縫い目に中指が触れるか人差し指が触れるかの違い，力の入れ方が微妙な変化によって回転の仕方は大きく変わり，ボールは微妙な変化をすることになる．つまり，横回転の要素が出てくると，カーブ気味に変化したり，シュート気味に変化したりする．

スプリットと呼ばれる落ちる変化球もツーシームで投げられている．いずれにしても打者が「真っ直ぐがきた」と思ってバットを振ったら，ボールは微妙に変化するので打ちにくいということである．

まとめ　フォーシームは縫い目に指をかけるため，ボールにバックスピンの回転がかかり安定する．バックスピンにより上側の流速が速く，圧力が小さいため，ボールが上向きの力を受け，重力による下向きの力との合力でほぼ真っ直ぐ進む．ツーシームは縫い目に指をかけず添えるだけなので，バックスピンがあまりかからない．ツーシームの場合，ボールが１回転する間に縫い目が２回現れ，不規則に変化する．指の縫い目に対する位置や指の力の入れ方によってボールの回転の仕方が変わり，ボールは微妙に変化する．

‥ 43話　フォークボールはなぜ落ちる？ ‥

フォークボールは，直球と投球フォームはほとんど同じで，打者が直球(ストレート)と思ったものが手前で落ちるボールである．フォークボールが落ちる理由を考えるうえで，直球がなぜ真っ直ぐに進むのかを理解することが重要である．直球も立派な変化球，バックスピンにより真っ直ぐ進む変化球と考えればいいのである．

フォークボールは回転の少ない変化球である．投手の投げ方によって回転の回数，変化の仕方が違い，サイドスピンであったりバックスピンであったりする．サイドスピンの場合は，わずかに横に変化して重力によりボールは落ち，バックスピンの場合は，少々落ち方は小さくなるものの，球速は速く鋭く落ちることになる．

フォークボールの握り方は，**図29**のようにボールの縫い目に掛からないように人差し指と中指で挟んで投げる．ボールの回転数をできるだけ少なくし，ナックルと同様に無回転に近いのが理想である．親指をボールの下に添える投手が比較的多いが，親指を人指し指に添える握りの投手もいる．

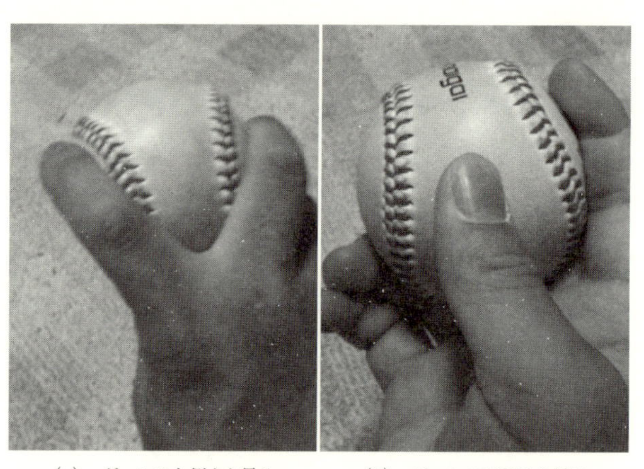

(a)　ボールの上側から見る　　(b)　ボールの下側から見る

図29　フォークボールの握り方［出典：http://henkakyuu.web.fc2.com/fo-ku.html, 2015.12.3 アクセス］

では，なぜ打者の近くで落ちることになるのか．フォークボールの握りは，先に述べたようにボールにあまり回転が掛からない．ボールが回転すると，その後ろに空気の渦のようなものができるが，この渦は回転が遅ければ広くなり，上下に大きく変動する．そのため，ボールの空気抵抗が大きくなり，後ろに引き戻されるような力が働き，ブレーキが掛かって落ちる．フォークボールの握りは縫い目に指を掛けないツーシームと同じで，ボール1回転の間に縫い目が2回，0°と90°回転した所で不均一に現れる．この縫い目により空気の流れが偏り，下向きの力がより強く働く．回転が0°，90°と集中している分だけ突然働き，しかも大きくなる．

フォークボールの握りはツーシームと同じであるが，指を大きく開いて握るので，ボールのスピード，回転数が違ってくる．落ちる理由については，スーパーコンピュータを使って解析されている．

ドロップも同じく落ちるボールではあるが，こちらは順回転のボールで，順回転による上側の大きな圧力と重力によって落ちる．落ちる量だけで言えば，ドロップの方が大きい．しかし，投球フォームやボールの軌道は，ドロップの方が推測しやすいと言える．

まとめ　フォークボールは直球とほとんど似たフォームで投げるため，打者にとって予測しにくい．直球にはバックスピンの回転が強くかかっているが，フォークボールは回転が少ないボールである．ボールが回転すると，ボールの後に空気の渦ができるが，この渦は回転が遅ければ広くなり，空気抵抗が大きくなって落ちる．直球では，ボールが1回転する間に縫い目が4回均一に現れるが，フォークボールでは，ボールが1回転する間に縫い目が2回だけ不均一に現れ，下向きの力が強く働いて突然落ちる．

‥ 44話　硬式テニスの強打になぜトップスピンが多く使われる？ ‥

硬式テニスの中級者以上は，フォアで打つ時，基本的にトップスピンをかける．トップスピンをかけることで，スピードのある球を打ってもアウトにならないからである．ボールを打つ時，ラケットは，通常ネットより下に位置するが，ネットを越えて相手のコートに入れなければならない．ネットを越すためには，斜め上方向に球を打つことになる．この場合，回転を掛けずに強打すると，ボールは遠くに飛び，相手コートには入らない．そこで，トップスピンというボールの進行方向の回転(順回転)を掛けることで，強打してもアウトにならないようにしている．

トップスピンは，車のワイパーのようにラケットを振り，ラケットの面にボールが当る瞬間にラケットでボールを押しながら，斜め上方に擦り上げるように打つ．その時，ボールがラケット面を押してガットが後ろに歪むと同時に，ボールはガットに押され，若干潰されながら順方向に回転しつつラケット面上を転がる．ボールの表面には毛があるので，ラケットのストリングに引っ掛かりやすく，ボールに回転を与えやすくなっている．ラケット面上を転がることで，ボールの順方向の回転がさらに促進される．ボールの内部には1.8気圧程度のガスが入っているが，ボールが潰されるので体積が減り，圧力がより高くなる．ボール内側はゴムでできており，高い内部圧力の弾性エネルギーを蓄える．それに加え，歪んだガットの反発力により，ボールは速い速度で斜め上前方に順方向に回転しながら飛ぶ．ボールの上側は，進行方向に向かう空気の流れと回転による空気の流れとが逆なので流速が小さくなり，ボールの下側は，流速が大きくなる．そのため，ベルヌーイの定理によってボールは下方向の力を受けることなり，さらに重力が重なって下方向の力が強まる．そのため，ボールはネット上方で弧を描きながら相手コートに鋭く落ちる．ボールが地面でバウンドした後も，順方向の回転のためボールは大きく跳ねる．

相手がネットに出てきた場合，トップスピンロブが強力な武器になることがある．その場合，ボールは相手の頭の上を越え，なおかつ相手コートに入らなければならない．そのためには，ボールの下面をラケットでとらえ，ワイパースウィングの軌道面を地面に対して垂直に近くなるようにラケットを鋭く振り抜き，強い順方向の回転を与える．理想的なトップスピンロブは，ボールが相手の頭上を越えてU字の形を描き，相手コートのエンドライン近くに落ちる．**図30** はトップスピンロブの軌跡とボールの回転を示している．

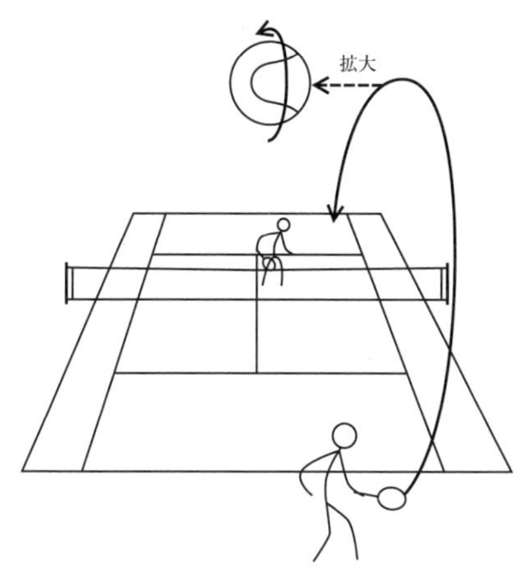

図 30　トップスピンロブの軌跡とボールの回転

同じことは卓球のプレーでも言える．卓球でも相手コートに強いボールを打ち込むのに順方向の回転のスピンボールをよく使う．卓球のボールは硬く，順方向の回転を掛けると，ボールの表面に沿った空気の流れが生ずる．硬式テニスのボールと同様，ネット上方で弧を描きながら相手コートに落ちる．卓球ではサーブ時から強い回転を掛ける場合が多く，相手のボールにどういう回転を掛けられたかを見極めないと，ミスをしやすいと言える．

また，ソフトテニスのボールはとても柔らかく，回転を与え過ぎるとボールが潰れた状態で飛ぶことがある．この場合，空気の流れがボールの面に沿わず，ベルヌーイの定理が適用できる定常的な空気の流れにはならない．そのため，順回転なのにボールは落ちず，逆にとんでもなく伸びていくこともある．

ま と め　テニスでネットを越えて相手コートに強いボールを入れるためには，ネットを越える高さがあって，なおかつなるべく鋭く落ちることが求められる．トップスピンは，斜め上前方にラケットを振ってボールを擦るように打ち，強い順方向の回転をかける．強い順方向の回転で，ベルヌーイの定理によってボールは下向きの力を受け，さらに重力による下向きの力も加わり，ネットを越えた後に弧を描いて急速に落下する．

‥ 45話　バレーボールのフローター系無回転サーブはなぜ揺れて落ちる？ ‥

バレーボールの試合では，サーブは重要なプレーの一つで，サーブポイントとサーブミスの割合が同程度であれば良い方だと言われる．相手に思い通りの攻撃をさせないために威力の高いサーブを打てるかどうかは，試合に勝つ大きな要素の一つである．一方，サーブを受けるレシーブ側は，サーブに対応できる技術がなければならない．

サーブには，ジャンプしてトップスピンが掛かったボールを打ち込むジャンプスパイクサーブか，フローターサーブが使われることが多いようである．ジャンプスパイクサーブは，スパイクを遠い位置(エンドライン)から打ち込むつもりで打つ．スピードがあって，なおかつネットを越えて相手コートに急速に落ちなければならない．そのため，ジャンプをして高い打点から意識的にボールの上部側面を斜め上方に強い回転が掛かるように手首を利かせて打つ．その結果，硬式テニスのトップスピンと同様，順回転の回転が掛かり，ボールは速いスピードで弧を描いて相手コートのエンドライン付近に落ちる．

一方，フローター系の無回転サーブは，野球のナックルボールと同様，サーバー自身にも予測しにくい変化をするのが特徴である．ボールに回転を与えないためには，ボールを手首の上あたりの堅い場所に当たるようして，ボールの真ん中を打つ．手のひら全体で打つと，短い時間差で手がボールの2箇所に当たることになり，回転が掛かるからである．ボールに回転がないと，飛行方向に推進力がなくなった時点でほとんど重力だけで落下することになる．実際は，ボールに複雑な空気の流れが生じ，そのため複雑に変化して落ちるのである．もし，落差のある落ちるボールを打ちたい場合は，ボールが当たった瞬間に手を途中で止める，そして，カーブボールを打ちたい場合は，野球の投球のようにボールの右端に手首で回転を与えるように打てばいいのである．

フローター系の無回転サーブの揺れて落ちる変化には，空気の流れが大きく作用している．無回転で飛ぶボールは空気を切り裂いて飛び，切り裂かれた空気はボールの表面を伝ってある地点でボールから離れていく．この地点を剥離点と言う．この剥離点では，ボールから離れた空気はボールの後ろ側で渦状の乱流を発生させ，圧力を下げる働きをする．ボールは圧力の低い後ろ側に引っ張られ，推進力を失って突然落ちる．ボールが完全に無回転であれば，落下するだけだが，実際にはわずかに回転している．例えば，ボール後方でできる空気の渦は，上から見て左右交互に発生する．これが揺れる正体である．バレーボールには「へそ」の窪みと表皮パネルの貼り合わせ面があり，剥離点が非対称になることがある．この時，ボールは突然曲がる．わずかな回転によって空気がぶつかる「へそ」の窪みと表皮パネルの貼り合わせ境界面の位置が不規則に変化してボールの軌道が変化するとともに，ボールの後ろ側で渦状の乱流が発生し，圧力を下げる働きをするためである．

バレーボールの国際公認球である検定球5号は，円周が650～670 mm，重量が260～28 0g，内圧が0.300 kgf/cm^2 (294 hPa)である．公認球は，メーカーmoltenとMIKASAのボールに指定されている．MIKASAのボールは表皮パネル8枚を組み合わせた斬新なデザインで色分けされており，ボールの回転がよく見える．moltenのボールは空気抵抗が多く，よく変化するという評判である．これは表皮パネルの貼り合わせ具合等が微妙に影響し，空気抵抗に差が出たものと考えらる．

まとめ　ジャンプスパイクサーブは，ジャンプをして高い打点から意識的にボールの上部側面を斜め上方に強い回転がかかるように手首を利かせて打つ．その結果，強い順回転がかかり，ボールは速いスピードで弧を描いて相手コートのエンドライン付近に落ちる．フローター系の無回転サーブは，ボールがわずかに回転し，空気とぶつかる「へそ」の窪みと表皮パネルを貼り合わせた境界面の位置が不規則に変化し，ボールの後ろ側で渦状の乱流が発生する．それが圧力を下げる働きをするため，突然落ちる．

‥ 46話　ゴルフボールの表面にはなぜディンプルがある？ ‥

ゴルフボールの表面には丸い窪み(ディンプル)がある．昔は，窪みのないツルツルのボールを使っていたが，19世紀半ば，ある大学教授が傷のあるボールの方が遠くに飛ぶことに気付き，わざと窪みをつけてデコボコにするようになった．では，なぜ窪みを付けたボールの方が遠くに飛ぶのであろうか．

一つは空気抵抗である．ドライバーショット時のボールの速度は時速250 kmと言われている．その時，ボールに働く空気抵抗は相当大きいものになる．もし，ボールにディンプルがなく滑らかだとすると，**図31**の上側に示すように，ボールの表面に沿って流れた空気は，やがてボールから剥がれ(剥離し)，ボールの背後に大きな渦巻きと低気圧の領域ができることになる．それがボールを後ろへ戻そうとする力(空気抵抗)となって飛距離を短くする．しかし，ボールにディンプルがあると，図の下側に示すように，ディンプルの所に小さな渦巻きが生じる．小さな渦巻きは，空気の流れがボールの表面に沿うように働く．そのため，ボールの背後にできる低気圧の領域が小さくなり，空気抵抗が減り，飛距離が伸びる．ちなみに，表面がツルツルのボールを使ったとすると，飛距離は半分以下にしかならない．

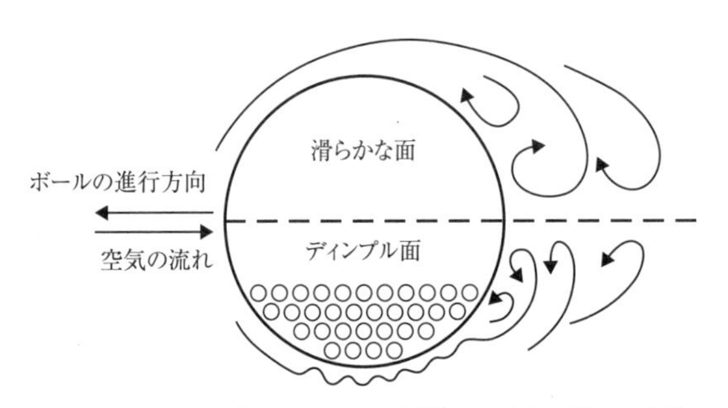

図31　滑らかな面とディンプル面近傍での空気の流れの比較

二つめは揚力である．ドライバーショット等の回転が強い場合，揚力が飛距離に大きく関係してくる．ゴルフクラブはボールの当たる面がやや上向きで，インパクト時にボールの下を先に押すことになり，飛び出したボールにはバックスピンが掛かる．バックスピンによってボール上側の空気の流れが速くなり，ボールに揚力が働く．その時，ディンプルの所ではボールの回転に沿った小さな渦巻きが生じ，空気抵抗によってバックスピンの回転が鈍化するのを減らす．つまり，ディンプルがあることによりバックスピンに伴うボールの上下の空気の速度差がより大きくなる．そによって上下の気圧差が大きくなり，揚力が増加する．

19世紀から20世紀初めの頃のゴルフボールは，ただのゴムや樹脂の塊であった．ところがある時，使い古したボールほどよく飛ぶという変な現象に気付き，それで最初から傷を付けることを思いついた．一直線の傷を縦と横に網目のように付けたのがディンプルの始まりである．その後，より飛ばすためにはどういう凹みがいいかを試行錯誤し，現在のディンプルの数，深さ，大きさ等になってきた．

ディンプルの数は，現在300～500のものが多いようである．ディンプルの深さにより，浅い方は高い軌道になり，深い方は低い軌道になる．ディンプルの大きさにより，小さい方は高い軌道になり，大きい方は低い軌道になる．ボールを打ったインパクト直後の初速，打出し角，スピン等の初期条件は，ボール内部(カバー，ミッド，コア)の状態で決まり，その後の軌道は，ディンプルで決まる要素が大きいと言われている．

このディンプルが流体に及ぼす現象は，他のスポーツにも応用され，今では表面に窪みを付けたスイミングウェアやスキースーツ等が世界中で利用されている．

まとめ　ディンプルがついているボールの方が遠くに飛ぶ．一つは，ボールの表面に流れてきた空気が剥離して小さな低気圧ができ空気抵抗が生ずるが，ディンプルがあるとボールの表面に沿って小さな渦が発生し，空気抵抗を減らす働きをする．もう一つは，バックスピンの回転が大きい時，ディンプルがついているとボール表面の小さな渦により回転を滑らかにする働きをし，上下方向の速度差が大きくなり揚力を大きくする．ディンプルがあるボールに比べて滑らかなボールは半分以下の距離しか飛ばない．

第８章　空を飛ぶ

‥ 47話　飛行機はなぜ飛べる？ ‥

大型旅客機，例えばボーイング747型機の場合，その総重量は，旅客，燃料，貨物を含めて約350トンになるが，時速約250 kmで滑走路を走り抜け，大空に舞い上がる．飛ぶのには，推力と揚力が関係している．

推力は，ジェットエンジンのファンブレードが回転して空気を吸い込み，猛烈な勢いで後方に吐き出す反動で前進する力である．ボーイング747型機の場合，4台のエンジンで約100 tの空気を後方へと吐き出して，時速約250 kmのスピードに達する．

揚力は翼の形状が関係している．翼の断面は，上面の緩やかなカーブと下面の平らなラインからなっている．上面のカーブした分だけ下面より長いことが特徴である．飛行機が時速250 kmのスピードを出すことにより翼の上にも少なくとも時速250 kmの空気が流れることになる．**図32**(a)に示すように，上面と下面の形状の違いから上面の空気が速く流れる．**41話**で述べたベルヌーイの定理により，翼に沿って流れる空気の圧力に差が生じ，この圧力の差による力を揚力と呼ぶ．この揚力によって飛行機は浮くことができるのである．ボーイング747型機の翼の面積は約500 m^2で，テニスコートの約2面分である．離陸時の重量は約350 tであるので，翼の面積1 cm^2当たり70 gの力が生じれば，飛行機は飛べることになる．揚力は，翼の形状が一定であれば，式(8)によって速度の2乗に比例する．

さらに，**図32**(a)に示すように翼が水平より上に向く迎角を持つと，翼の上面と下面の圧力差は拡大する．翼上面を流れる風の経路は，翼を起てた分だけ大きなカーブとなり，翼上面と下面を流れる風の速度の違いが大きくなるからである．しかし，迎角が大きくなり過ぎると，気流が翼に沿って曲がってくれず，翼の上面か

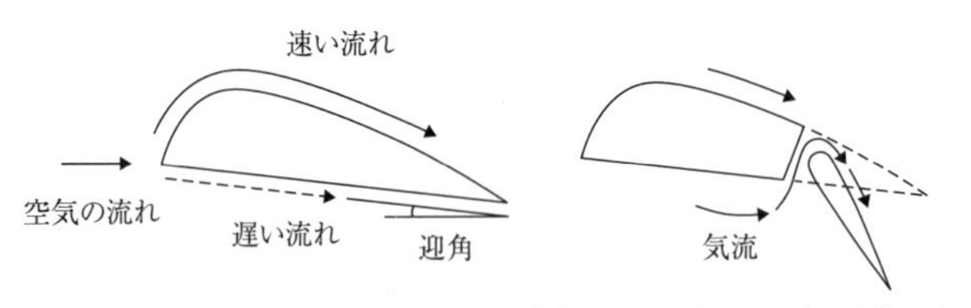

(a)　翼の周囲の空気の流れ　　(b)　フラップを用いた時の空気の流れ

図32　飛行機の翼の周囲の空気の流れ

ら剥離し，渦流を発生して揚力が減少して失速する．つまり，操縦のポイントは，飛行機の速度や状況に応じた迎角のとり方ということになる．飛行機が離着陸する時，フラップを出して主翼の面積をより大きくすることで離着陸を安定化する．揚力は翼の面積に比例し，翼面積を大きくすれば揚力は大きくなる．飛行機が水平等速飛行をしている時は，揚力＝重力，推力＝抗力の関係が成り立っている．ここで，抗力は推力と反対方向に働く力で，乱流や空気の摩擦抵抗によって生じる．この状態でエンジンの出力を増やすと，推力が抗力より大きくなって増速し，揚力が重力よりも大きくなって高度が上がることになる．

フラップは**図 32**(b)に一例を示すように，主翼の後縁の可動式の部分で，離着陸の際の低速時に下方に曲げ，翼面積を大きくするとともに，気流の剥離を防いで揚力の低下を減らしている．

また，スラットは，主翼前縁の一部分を前方に稼働させることで主翼との間に隙間を作る．翼下面側の気流の一部を上面に流すことで，気流の剥離を遅らせる．これにより，より高い迎角まで失速せずに揚力を増大させることができる．

ま と め　飛行機はジェットエンジンのファンブレードが回転することによって空気を吸い込み，後方に吐き出す反動で前進する．飛行機の翼の上面と下面の形状の違いで上面の空気が速く流れ，ベルヌーイの定理によって空気の圧力に差が生ずる．この圧力の差による揚力によって飛行機は浮くことができる．翼が水平より上に向く迎角を持つと，翼の上面と下面の圧力差は拡大し，揚力が大きくなる．迎角が大きくなり過ぎると，気流が翼から剥離し，渦流ができて失速する．

‥　48話　ヘリコプターはなぜ飛べる？　‥

ヘリコプターは滑走路を必要とせず，上昇，前進，降下，後進，ホバリング(空中停止)ができる．ヘリコプターの特徴は，狭い場所や複雑な地形での活動に向いており，緊急時の人員や貨物の輸送に利用されている．ヘリコプターには揚力，重力，推力，抗力の4つの力が常に働いていて，飛行することや停止することができる．揚力はヘリコプターを浮き上がらせようとする力，重力は落下させようとする力，推力は前進させようとする力，抗力は推力に抵抗しようとする力である．

ヘリコプターは，機体上方のメインロータブレードを回転させて揚力を発生させる．ヘリコプターの翼(ブレード)の断面は，飛行機と同じで，上側と下側で長さが違う．そのため上側を流れる空気が下側の空気より速くなり，気圧が低くなって揚力が発生する．この揚力は，ブレードが空気に当たる角度(ピッチ角)がある一定のところまでは，大きくなるほど増大し，小さくなるほど減少する．そのため，ブレードはピッチ角を任意に変えられる構造になっており，上昇する際にはピッチ角を大きくする．あとはピッチ角を変えることにより揚力の強さを変え，上下に移動できる．

ヘリコプター特有の問題点は，ブレードが回転し始めると，作用-反作用の法則によってヘリコプターの機体がブレードと逆方向に回転するトルクが発生することである．そこで，機体の回転を止めるためにテールロータが取り付けられている．テールロータは機体の後部についていて，ブレードと逆方向に回転する．その力を利用して左右方向に360°ターンすることも可能である．この方式は構造が簡単なため，現在最も普及しているタイプである．ただ，テールによって発生した揚力によって機体の横流れ(ドリフト)が生じ，空中で静止するために機体をわずかに傾けて姿勢を維持しなければならない．ヘリコプターの操縦が難しいと言われる理由は，このテールコントロール操作にある．

それに対して，同軸反転方式は，上下2段のロータをそれぞれ逆回転させて反トルクを打消し合う構造になっている．テールロータ不要のため小さくできる，完全に水平状態でホバリングできる，ロータ回転をすべて揚力にできる，操縦が楽，というメリットがあるが，機体が複雑になるという問題点もある．トルクを打消すやり方には，他にも数種ある．

ヘリコプターは，ロータの回転面を傾けることにより好きな方向に進むことができる．ホバリング時は，ロータの回転面を上方に向ける．この場合，推力と抗力は発生せず，揚力と重量の釣り合いのみで空中停止している．ホバリングから前進飛行に移る時には，ロータの回転面を前方に傾けることで推力として使用し，前進できる．揚力を増やしたり減らしたりすることで，前進しながら上昇したり，降下することができる．同じようにロータの回転面を傾けることで，左右に進めたり，後進させたりすることができる．

「ラジコンヘリ」はラジオコントロール，つまり無線操縦できるヘリコプターのことを指す．娯楽用としての利用をはじめ，農薬散布や空撮といった産業用，軍事用としても使われている．

最近，ドローンが大きな問題になっている．ドローンはGPS等を利用して自動飛行する無人航空機である．自動操縦する飛行物体としてドローンはラジコンヘリと似ている．しかし，プロポと呼ばれる送信機等を用いて無線で操縦する必要があるラジコンヘリとは大きな違いがある．

まとめ　ヘリコプターは，機体上方にあるメインロータを回転させて揚力を発生させる．空中停止の時，ロータの回転面を上方に向け，揚力と重量の釣合いを保つ．前進飛行の時，ロータの回転面を前方に傾ける．ロータの回転面を傾けることで，ヘリコプターを左右に進めたり，後進させたりする．ヘリコプターには，ロータが回転すると，作用反作用の法則により機体がロータと逆方向に回転する問題点がある．機体の回転を止めるために，テールロータを取り付け，ロータと逆方向に回転させる．

‥　49話　鳥はなぜ飛べる？　‥

鳥が空を飛んでいるのを見ると，翼を規則的に羽ばたかせて飛んだり，翼を広げたまま滑空して飛んだりしている．いとも簡単に空を飛んでいるように見えるが，鳥は他のことを犠牲にして，飛ぶために有利な機能を確保している．

鳥は，他の動物にはない羽毛でできた翼や尾羽を持っている．翼によって推力や揚力を得ている．空を飛ぶためには，体が軽くできていなければならない．鳥も，翼の大きさの割には体がとても軽くできている．鳥の体は見た目にはとてもふっくらしていて重そうに見えるが，それは羽毛が膨らんでいるからで，本当はとても細い体をしている．また，骨も細く，中が空洞になっているため，軽くて丈夫なのである．鳥は飛ぶために徹底的に体を軽くしている．

鳥の消化管は短く，食べたものはすぐに消化され，直腸等に溜めず，すぐに排出する．食物も，消化しやすく高エネルギーが得られる，魚，虫，植物の種子等に限られている．

さらに，空を飛ぶために体の割に大きな翼を持っている，翼を強く動かすための大きな筋肉を持っている，空気抵抗の少ない流線型の体を持っている，という特徴がある．

揚力の発生のさせ方は飛行機と同じで，翼の正面に当たった空気が翼の上と下に分かれて後ろに流れることで発生する．その時，翼の上を流れる空気の方の速度が速くなる．つまり，ベルヌーイの定理によって翼の上側の圧力が下側の圧力より低くなり，揚力が発生する．

図33に鳥の全身と翼上面を示す．このうち，風切羽（かざきりばね）は翼の骨格に直接付着している大きく丈夫な羽で，飛ぶ時に最も主要な役割をする．初列風切（しょれつかざきり）は，上から下に打ち下ろして前向きの推進力を得る．大型の鳥の初列風切の先端部には裂け目（スロット）があって，揚力を増やす役目をしている．翼の下から押し出される空気はスロットを通ると，上側に広がるため圧力が下がり，揚力を増やす．翼の半分より体よりの次列風切は上下動が少なく，揚力を主に受け持っている．三列風切は風切と胴体の隙間から空気が漏れるのを防ぐ役目をしている．これらの風切羽の雨覆羽（あめおおいばね）は，空気の流れを整える役割をしている．鳥の飛行では，減速や方向転換には尾羽が使われる．

飛んでいる鳥が着地しようとする時，低速になって揚力が落ちるのを防ぐため，

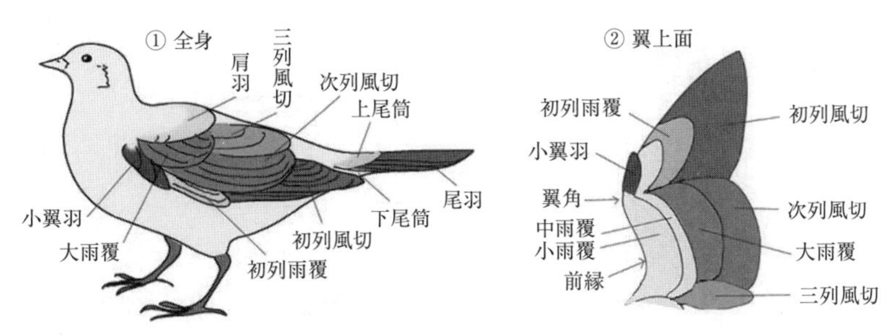

図 33　鳥の全身と翼上面［出典：http://www.geocities.jp/yamanotesal/hane.html, 2015.12.3 アクセス］

迎え角つまり翼と進行方向がなす角度を大きくし，翼を立てるようにする．あまり迎え角を大きくすると渦ができ失速するので，小翼羽（しょうよくう）を利用する．小翼羽は，翼の前の縁中央付近に付いた小さな羽で，体を立てて迎え角を大きく取り，普段は伏せているのを開き着地を安定化させる．小翼羽の機能は，飛行機で言うと，失速を防ぐためのスラットに相当する．

ま と め　鳥は羽毛でできた翼や尾羽を持っていて，推力や揚力を得ている．鳥は空を飛ぶために体をとても軽くしている．鳥は体の割に大きな翼と翼を動かすため大きな筋肉を持ち，空気抵抗の少ない羽毛で覆われた流線型の体を持っている．鳥は 3 列ある風切羽を使い，前向きの推進力（初列），揚力（次列），風切と胴体の隙間から空気が漏れるのを防ぐ役目（三列）をしている．着地の時は小翼羽の迎え角を大きくし，翼を立てるようにする．減速や方向転換には尾羽を使う．

･･　50話　鳥は種類でなぜ飛び方が違う？　･･

鳥の飛び方には，大きく分けて2つの方法がある．一つは，翼を規則的に羽ばたいて飛ぶ羽ばたき飛行，もう一つは，翼を広げたままで飛ぶ滑空である．

滑空は，羽ばたき飛行に比べて使うエネルギーはずっと少なくて済むが，高度を保てない欠点がある．そのため，滑空をする鳥は上昇気流を利用して高度をかせぎ，距離をかせぐ飛び方をする．上昇気流に乗って浮かぶことを帆翔（はんしょう）(ソアリング)と呼ぶ．そして，地形の凹凸に沿って生まれる気流もソアリングに利用されている．

鳥の大きさと飛び方との関係はどうなっているのか．体長が2倍になると，体重は8倍になるが，重さを支える翼面積は4倍にしかならない．したがって，小さい鳥には，通常，翼面積は十分であるが，大きい鳥ほど翼面積が相対的に不足することになる．

体重が1 kgより軽い鳥は，羽ばたきによって飛ぶ．ずっと羽ばたいて直線的に飛ぶ鳥と，羽ばたきと翼を閉じての滑空とを繰り返して波状に飛ぶ(波状飛行)鳥がいる．小型の鳥は，空気中で翼を傾けながら上または下に打ち下ろし，翼を前方に滑らすことによって推力を得ている．

波状飛行は，羽ばたいて上昇し，スピードが出たら翼を完全に畳んで空気抵抗を少なくし，滑空に移って下降する飛び方である．高速で飛んでいる時，最大航続距離速度で使うエネルギーを減少させる．ヒヨドリ，コウライウグイス，キツツキ類等の飛翔力が弱い鳥の飛び方である．

もっと軽いアナホリフクロウやハチドリでは，ホバリング(停止飛翔)を行う．ホバリングは，前後に移動することなく，空中の一点に静止する．ホバリングは，打ち下ろしでは羽をいっぱいに広げ，引き上げでは羽を折りたたんで行う．向かい風があるとホバリングしやすい．ハチドリはホバリングして花の蜜を吸う．動きの速い小動物を見つけるには，自身が止まっている方が有利である．スズメやヒタキ等のように短時間ならホバリングできる鳥は多いが，長時間できる鳥は少ない．

大きな鳥では，離陸する時，飛行機のように滑走してから飛び立ったり，高い所から飛び降りたりするものが多い。これは、体重が重いほど羽ばたきづらくなるためである．平常時も羽ばたくことがほとんどなく，滑空したり，グライダーのように上昇気流を利用したりするものがいる．局所的な上昇気流に乗って帆翔するが，尾羽を左右に傾け，微妙にバランスをとっている．トビは，降下速度(滑空速度×

滑空角度)が最小になるような飛翔姿をとる．上昇気流の速度が降下速度より大きい時，トビは上昇気流に乗って高度を上げることができる．

滑空や帆翔で飛ぶ鳥を見ていると，エネルギーをほとんど使うことなく楽に飛んでいるように見える．帆翔や滑空は，羽ばたき飛行の1/30のエネルギーで済む．滑空では，上昇気流がないと，確実に降下する．滑空する鳥は，1秒につき1.0～2.5 mの沈下率で高さを失う．ハトは，高度を1 m失う間に4～5 m滑空できるが，アホウドリは18 m滑空できる．

ワシタカ科の大型の鳥は，太陽の熱で暖まった地面から発生する上昇気流を翼で受けて飛翔する．そのため，翼は単位面積当たりで発生する空気力(翼面荷重)が小さい．大型の鳥の初列風切の先端部のスロットによって揚力不足を補っている．羽ばたきによる飛翔は，数秒から数10秒しか持続できない．

カモメ等の海鳥は，長時間の滑空を行う．これらの鳥は，アスペクト比(縦横比)の大きな翼を持つとともに，翼と胴体の継ぎ目等が滑らかで，揚抗比(揚力と抗力の比)が大きく，滑空比(1 m下降する間に進める距離)が高い利点を持っている．また，海からの風が船べり，防波堤，崖等に当たってできる上昇気流で空中にとどまることもある．餌をあげなくても観光フェリー等にカモメが集まって来るのは，海上には障害物に乏しく，地熱による上昇気流もないためである．

ハクチョウ，ガン，ツル，サギ，ウ等の大型の渡り鳥では，V字型や斜め一直線に編隊を組んで飛翔しているのが見受けられる．それを横から見てみると，後ろの鳥は少し高い位置を飛んでいる．これは前を飛ぶ鳥の翼端渦による吹き上げにより，後続の鳥のエネルギーが節約になっている．

まとめ　小さい鳥は羽ばたきによって飛ぶ．羽ばたいて直線的に飛ぶものと，羽ばたきと滑空とを繰り返して波状飛行をするものとがある．大きな鳥では離陸時に滑走したり，高い所から飛び降りたりする．これは体重が重いほど羽ばたきがしにくいためである．大きい鳥は羽ばたくことはほとんどなく，暖まった地面から発生する上昇気流を利用したり，滑空したりする．大型の渡り鳥がV字型や斜めに編隊を組んで飛ぶのは，前の鳥の翼端渦による吹き上げ気流を利用するためである．

‥ 51話　昆虫はどのように飛ぶ？ ‥

トンボは，前後の羽を別々に動かして飛ぶ方式をとっており，すべての昆虫の中でも高度な飛び方ができる．急加速に急旋回，ホバリング，連続宙返り等の多彩な飛び方をする．チョウ，カ等の昆虫を発見すると，高速で急接近し，空中で仕留める．アオヤンマは，クモの巣めがけて一直線に飛行し，網に掛かる寸前で急ブレーキを掛けてクモを捕獲し，後ろ向きに飛ぶことができる．

チョウは，前後2対の翅を同時に上下させ，上昇と滑空を繰り返して移動する．このため激しく上下し，チョウの飛翔はしばしば「ひらひら」と表現されることになる．羽の重さがとても小さく，落ちる速度が遅いので，直接下向きの気流を発生させている．他の多くの昆虫も，前後の羽を同時に動かすことによって実質的に1対の羽として使っている．

飛ぶものには，飛行機，ヘリコプター，鳥，トンボ，チョウ，カ等があるが，それらの飛び方はどのように違うのだろうか．飛行機から順にカの方にいくほどサイズが小さくなると，飛行の仕方にどのような影響を与えるか考えてみる．一般に，物体が大きいほど飛行速度も速く，大きな物体ほど慣性力の比率が大きくなり，揚力が抗力に比べてずっと大きくなる．空気の流れを利用した飛び方は，飛行機のように大きなサイズの方が有効である．逆に飛行物体は小さくなると，空気による粘性力の比率が慣性力に対して増加し，揚力と抗力の比率がどんどん小さくなる．さらに，トンボ等は，羽の断面がフラットで，空気の流れによる揚力はほとんど期待できない．その代わり，昆虫は羽ばたき運動によって推進力と揚力を生み出している．

羽ばたき運動を速くすると，羽に対する風速はその分速くなり，サイズの小さな羽でも，その割には空気の慣性力の比率を小さくしないで済み，揚抗比の低下を少なくすることができる．ミリサイズの昆虫の世界では，空気流に乱れが生じ，うまく揚力が生れない．そのため，体の小さい昆虫は，飛行機等とは違って空気の渦を利用した飛び方をするのである．

昆虫が羽ばたきによって飛ぶ原理は，2つの要素に分けて考えられる．一つは，羽を振り上げたり振り下げたりする要素と，もう一つは，羽の動きを反対方向へ回転させる要素である．昆虫が羽を振り上げたり振り下げたりする動作は，失速を遅らせ，昆虫の体を持ち上げる力として働いている．高い角度から，つまり水平な位置よりも下の角度へ振り下ろしたときに生じる力である．もし飛行機の翼がこのような急な角度になると，揚力を失う．昆虫の場合は，この時に羽の上の部分の圧力を下げて渦を作ることで，上向きの力にしている．また，羽の動きの向きを反対へ回転させると，バックスピンの空気の流れが生じ，昆虫を持ち上げる力となる．このバックスピンの回転上昇は，テニスやピンポンのスライスの打ち方と似ている．このように，昆虫は自分のサイズを生かした環境で，上手に渦を作ってそれを利用して上向きの力を得ているが，その詳細はよくわかっていない．

小さな昆虫ほど単位時間当たりの羽ばたきの回数，羽音の周波数が増える．昆虫類の羽ばたきの回数を調べた結果，トンボ，ガ等の大型昆虫の羽ばたきは毎秒約20回，ミツバチでは約250回，カ類では600回，ブユ等は1,000回，ヌカカでは1,046回も羽ばたいている．カが羽ばたき運動により耳に聞こえるくらいブーンと高い周波数の音を発するのもこのような理由からである．

昆虫は，鳥よりもずいぶん早い時期から地球上に存在し，空を飛んでいた．しかし，平均して羽の大きさは2～3 mm程度と，後に登場する鳥とはずいぶんサイズが違う．そのため，昆虫と鳥とでは，同じ飛ぶという動作でも全く違う進化を辿ってきたと言える．

まとめ　飛行物体が小さくなると，空気の流れを利用した揚力が小さくなる．その代わり，昆虫は羽ばたき運動によって推進力と揚力を生み出して飛行する．羽ばたきによって空気の渦を作り出し，それを利用して飛んだり，垂直上昇や下降，空中停止，宙返り等ができる．小さな昆虫ほど単位時間当たりの羽ばたきの回数を増やし，空気の渦を作り出して推進力と揚力を得ている．昆虫は鳥とは飛び方がかなり違い，違う進化を辿ってきたと考えられる．

‥　52話　トビウオはどのように飛ぶ？　‥

トビウオ(飛魚)は，太平洋，インド洋，大西洋の亜熱帯から温帯の海に生息する海水魚で，日本近海でも見られる．トビウオは，世界で50種ほど，日本近海でも30種弱が知られている．大きさは全長が約10～50 cmで，20～30 cmのものが多い．ツマリトビウオは，成魚でも10 cmほど，ハマトビウオのような大型のものには50 cmを超えるものもいる．小さい種類より大きい種類の方がもちろん長い距離を飛ぶ．トビウオは，海の表層近くに生息し，動物プランクトン等を食べている．

トビウオは海面近くにいるため，マグロ，シイラ等の大型魚に捕食されやすく，これから逃れるため飛ぶと言われている．背の色が青く，上空から鳥が見ても「海の青」に染まって身を隠せる．そして，腹面は白く，水中から大きな魚が見ても海面の波しぶきに紛れることができる．トビウオの稚魚は生後2週間ほどでヒレが大きくなり始め，稚魚のうちから飛ぶことができる．他にも，ダツ，サヨリのように飛べる魚はいるが，100 m以上も飛べるのはトビウオしかいない．

トビウオは，水中で助走してスピードが出ると水上に飛び出し，海面上をかなりなスピードで滑空する．滑空時は100 mくらい当たり前に飛ぶことができる．水面滑走時の速度は時速35 km，空中滑空時の速度は時速50～60 km，高さは3～5 mに達する．最長400 mを飛んだ記録があると言われている．ではなぜトビウオはそんなに長く飛べるのであろうか．これについて，航空力学的見地から飛びやすい翼の研究もされているようである．

滑空する前に水中で助走する時は，胸ビレと腹ビレを畳み，尾ビレを左右に激しく振って泳ぐ．尾ビレは，上葉に比べて下葉の方が長く，上方向に推進力がつく．そのため，海面上に飛び出ることができる．トビウオは，鳥のように羽根を羽ばたいて飛ぶのではない．トビウオは胸ビレが発達していて，海面上に飛び出る瞬間に胸ビレを広げてグライダーのように滑空する．さらに，尾ビレを激しく振って海面を滑走した後に大きな胸ビレだけでなく，腹ビレも広げて滑空する．そのため，翼が4枚あるように見える．**図34**にトビウオの滑空の様子を示す．尾ビレは上端と下端が長く伸びたV字状で，水面に飛び出す際に助走をつけるだけでなく，着水しそうになった時，尾ビレで水をかいてまた飛び立つこともできる．さらに，トビウオは，波のてっぺんから飛び立つ．こうすると，高さが稼げるだけではなく，波を昇る上昇気流に乗れるという利点がある．着水の時は，まず尾ビレの下半身で水面を叩き，胸ビレと腹ビレを畳みながら滑空中は上に向けていた頭を下げて海中に入る．

図 34　トビウオの滑空の様子［出典：http://amazing-animal-fp.tumblr.com, 2015.12.3 アクセス］

トビウオには胃がなく，消化管も直線的である．内臓が小さく，食べたらすぐに排泄できる機能を持ち，体を軽くしている．さらにトビウオの骨を同じ体重のサバの骨とその重さを比べると，トビウオの方が軽い．トビウオの骨は，鳥と同じく隙間だらけとのことである．トビウオは体を軽くして飛びやすくしている．

トビウオの属するダツ目には，ダツ，サヨリ，サンマ等がいる．これらの魚はいずれも体が細長く，水面を飛び，夜間は明かりに集まってくる．夜間，船の航海灯をめがけて甲板に飛び込むこともあるそうである．ダツ，サヨリ，サンマはトビウオほどではないが，水面に小石を投げて遊ぶ水切りのように海面を連続的に飛び跳ねる．日本近海でもサンマの 1 m ほどの連続ジャンプを見ることができるそうである．

まとめ　トビウオは水中を助走して水上に飛び出し，海面上を 100 m 以上も滑空できる．滑空時は胸ビレと腹ビレを広げてグライダーの翼が 4 枚あるような役割をする．尾ビレは上葉より下葉が長く伸びた V 字状で，水面に飛び出す際に助走をつける役割をしている．トビウオには胃がなく，消化管も直線で，内臓が小さく体を軽くして飛びやすい体形をしている．トビウオが滑空するのは，マグロ等の大型の魚から逃れるためである．

第９章　呼吸と空気

‥ 53話　動物はなぜ空気がないと生きていけない？ ‥

人間に限らず動物は生きるためにはエネルギーが必要である．そのエネルギーをグルコース等の栄養素と酸素を使った化学反応によって得ている．酸素は空気中から呼吸によって体内に取り込んでいる．動物は空気がないと生きていけない．

人間は口や鼻から空気を吸ったり吐いたりして呼吸をし，入ってきた空気は，喉を通って気管へ向かう．気管は，直径2cm，長さ10cmほどの管で，左右に分かれる分岐点から先が気管支である．枝分かれを繰り返し細くなっていく．内側は，軟骨てきた骨組みで，潰れないようになっている．気管支は，多い所では23回も分岐を繰り返し肺に空気を届ける．左右合わせて100万本以上にもなる気管支の先端には，肺胞という約0.2mmの小さな袋が付いている．肺胞は両方の肺で10億個あると言われ，その肺胞の周りを細い血管が取り囲んでいる．

血液は心臓から肺動脈を通って体の中でできた不要な二酸化炭素を肺胞まで運び，毛細血管が肺胞の薄い膜を通して中の空気と触れ合い，二酸化炭素を捨て新鮮な酸素を取り込む．そして，肺静脈から心臓へ戻り，血液中のヘモグロビンが体の隅々の細胞に酸素を運ぶ．血液が運んだ酸素が細胞内のグルコース等の物質と結び付き，その物質を酸化させてATP（アデノシン三リン酸）というエネルギーの源を作る．ATPは，生体内でエネルギーの放出，貯蔵，そして物質の代謝，合成の際に重要な役目を果たしている．

人が普段静かにしている時の呼吸回数は，1分間15回くらいである．人は普段1分間に約8Lの空気を吸って吐く．運動をすると，呼吸の回数は5倍くらいに増え，寝ている間は普段の半分ぐらいになる．

体内での細胞と血液の間のガス交換を内呼吸と呼ぶ．一般に，呼吸のことは外呼吸を指し，内呼吸のことは代謝と言い換えることが多いようである．呼吸では1本の気管を時間差をおいて使い，呼息と吸息を交互に行い空気が往復する流れを作る．鼻から吸気すると，鼻毛によって空気をろ過し，内部の鼻粘膜を通過する時に呼気を温め，湿気を与え，ほこり等を除去する．気道を通過する間に空気中の異物が取り払われ，適当な温度に温められ，湿度が与えられる．

人の肺胞は2つあり，総表面積は成人で約100 m^2で，容量は胸腔の約80％を占めている．上端は鎖骨の上に及び，下端は横隔膜に接している．左肺は重さ約500g，容量約1,000mLと，右肺の約600gで約1,200mLよりもやや小さい．肺には筋肉はないが，横隔膜と肋骨の間をつなぐ筋肉によって呼吸運動が可能になる．息を吸う時は，横隔膜が下がり，肋骨が上がって，胸腔が広がる．それによって胸腔の容積が大きくなると，外の空気が肺の中に入ってくる．息を吐く時は，横隔膜が上がり，肋骨が下がり，胸腔が縮む．それによって胸腔の容積が小さくなり，肺から空気が押し出される．その呼吸には腹式呼吸と胸式呼吸の2種類があり，安静時に横隔膜によって呼吸をする方法を腹式呼吸，胸腔内の筋肉を使って呼吸する方法を胸式呼吸と言う．

呼吸によって取り出されたエネルギーは，ATPを仲立ちにして様々な生命活動に利用される．酸素を用いてグルコース等の有機物を二酸化炭素と水に分解する働きを好気呼吸と言う．嫌気呼吸は，大気中に酸素がほとんど存在しなかった時代から生物が行ってきた呼吸で，有機物の分解が不十分であるため，合成できるATPの量は少ない．

好気呼吸は，解糖系，クエン酸回路，水素伝達系の3つの過程からなる．解糖系は，1分子のグルコースが2分子のピルビン酸に分解される過程で，この過程で水素原子が2個奪われ，2分子のATPができる．クエン酸回路では，解糖系でできたピルビン酸がミトコンドリアに入り，クエン酸を経て段階的な変化を受けて脱水素酵素と脱酸素酵素によって水素と二酸化炭素に分解される．水素伝達系では，解糖系とクエン酸回路でできた水素がミトコンドリア内で水素伝達系に運ばれる．水素が水素伝達系内に次々に受け渡されていく過程で，多量のエネルギーが放出され，最終的には酵素の働きで酸素と結合して水になる．好気呼吸全体では，クエン酸回路で二酸化炭素が放出され，水素伝達系の最後の段階において酸素が消費されて水が生成される．

まとめ　人は生きるためのエネルギーを栄養素と呼吸による酸素との化学反応によって得ている．腹式呼吸は安静時に横隔膜によって呼吸し，胸式呼吸は胸腔内の筋肉を使って呼吸する．口や鼻から吸った空気は，肺胞で血液と接し，体の中でできた不要な二酸化炭素を捨て新鮮な酸素を取り込む．血液が運んだ酸素は，細胞内の栄養素を酸化させ，ATPというエネルギーの源を作る．ATPは生体内でエネルギーの放出，貯蔵，あるいは物質の代謝，合成の役目を果たしている．

‥ 54話　スポーツでは呼吸法がなぜ大切？ ‥

人は，安静時，1分当たり6～10Lの呼吸をし，酸素を約0.3L取り込んでいる．そして，激しい運動時には1分当たり100Lの呼吸をし，酸素を約3L取り込んでいると言われている．運動時に10倍もの酸素を取り込む理由は，筋肉等を活発に動かすためには，筋肉の収縮に必要なATPを十分な速度で供給する必要があるからである．ATPは身体の細胞内でグルコース等と酸素が反応して生成される．運動と呼吸とは物理化学的に密接に結び付いているが，それだけではなく，大脳の働きとも関係していて，精神面への影響も考えられる．それがスポーツにおいて呼吸法が大切である背景となっている．

筋力トレーニングでは，一般的に息を吐きながら行うことが常識となっている．人は筋力を出力する際にどうしても「いきみ」を生じる．この際，息をゆっくり吐き出しながら筋力を出力すると，腹筋が少しずつ収縮する．この軽く腹筋が収縮した状態は，脊柱が正しい位置に固定され体幹が引き締まっていて，筋肉の出力を発揮しやすい状態である．体幹部の安定したフォームは筋力を発揮しやすく，怪我の防止にもなる．しかし，この呼吸法は慣れるまで，なかなか上手に息を吐き出せない．最初は一気に呼吸してしまったり，むせてしまうようなこともある．まず，軽い負荷で筋力を発揮しながら，ゆっくりと息を吐く呼吸法を練習する継続的な取組みが必要なようである．

スポーツ科学では，大きな声を出す，いわゆるシャウトによる筋肉の能力アップが確認されている．テニスのシャラポア選手，円盤投げの室伏広治選手の掛け声等が有名である．シャウト効果は大きな声を出すことで筋出力が高まる現象だが，自分を鼓舞する精神的な効果もあると思われる．

人が最も筋力を発揮できる状態は息を止めた状態のようである．重い荷物を持ち上げる瞬間，おそらく誰もが一瞬息を止めている．ウエイトリフティング等の重量を扱う競技では，一時的に呼吸を止めている選手も多くいる．呼吸を継続しながらでは扱えない重量も，息を止めることで，数秒は扱えるようになる．一方で，呼吸を止めた状態を維持しながら一気に力を出すため，急激に血圧が上昇する．それは心臓への大きな負担となり，心肺機能にも大きな影響を与える．急速な血流の変化によるめまいや失神の可能性もある．最も筋力を発揮できる無呼吸状態は，安全性という面では問題のある呼吸法と言える．

100 m 走は無酸素運動と言われるように，「無呼吸で走る」と考える人が多いようである．実際には，疾走中にも呼吸はしている．無酸素運動は，運動中に酸素の供給が間に合わない状態のことで，呼吸はしているが，呼吸による循環(血液が酸素を運ぶなど)が速い動きに追いつかないのである．100 m 日本記録保持者(2001 年)であった二瓶秀子選手のデータでは，100 m を走る間に 10 回程度呼吸をしていたそうである．スタート直後に息をし，次に息をするのがスタート 6 秒後で，その後，1 秒に 1 回程度の頻度で呼吸をしていたそうである．その時の酸素摂取量の総計は 224 mL で，100 m を走る間に約 1,000 mL の空気を吸っていることになる．この値は 100 m 疾走で必要な酸素の 30 % を走っている間の呼吸によって取り込んでいる計算になる．呼吸によって取り込む割合は，人によって違うようである．

ジョギングに最適な呼吸法はどんなものであろうか．2 回吸って 2 回吐く，スゥスゥ・ハァハァの呼吸法が基本のようである．速いリズムの呼吸よりも，ゆっくりとした呼吸の方が良いようである．ジョギングや長距離走は，典型的な有酸素運動である．歩数を基準とする呼吸法はリズムが整いやすいので，ジョギングやランニング等の有酸素運動，そしてウォーキング等でもそのまま使用できる．この呼吸法は，リズムを整えやすい点が特徴である．

スイミングクラブでは，初心者コースでは，沈むことから練習をスタートする．このただ沈むということが初心者はなかなかできない．その理由は，息を上手に吐き出せないことにある．水泳における呼吸は，「 口で吸って鼻から吐く 」が基本である．息継ぎの際，口に水が入っても飲まないよう意識できている場合は，気管に水が入ることはない．しかし，鼻に水が入ると，人はたちまち苦しくなる．背泳ぎ等のように水が鼻へ進入してくる可能性のあるフォームの場合，常に鼻から少しずつ空気を吐き出すことである．

ま と め　人間は安静時に比べて激しい運動時には 10 倍もの酸素を取込んでいる．それは，筋肉の収縮に必要な ATP を十分な速度で供給するためである．筋力トレーニングは，息を吐きながら行うことで腹筋が軽く収縮し，脊柱が正しい位置に固定され体幹が引き締まる．最も筋力を発揮できるのは息を止めた状態で，ウエイトリフティング等では一時的に呼吸を止める．ジョギングやランニング等の有酸素運動は，歩数を基準とする呼吸法がリズムを整えやすい．水泳では口から吸って鼻から吐く呼吸が基本である．

‥　55話　どのように人工呼吸をする？　‥

人工呼吸は，自発呼吸ができない人に対し，人工的に呼吸を補助することを言う．自発呼吸ができなくなる要因には，脳血管障害，肺炎，外傷，窒息，呼吸器疾患，溺水，中毒等がある．人工呼吸には，応急処置の人工呼吸(口移し式等)，陽圧をかけて肺に気体を送り込む方法，マスクとアンビューバッグを使う方法，気管内チューブと人工呼吸器を使う方法等がある．

応急の人工呼吸の重要性は，人間の脳は2分以内に心肺蘇生が開始された場合の救命率は90％程度，4分で50％，5分で25％程度となることに表れている．

応急の人工呼吸の手順は，

① 二次災害を防ぐため，まず周囲の安全を確認する，
② 肩を軽く叩きながら相手の耳元で「大丈夫？」と呼び掛け，意識の有無を確認する，
③ 意識がなければ助けを求め，近くに人がいたら119番通報してもらい(自分しかいない時はなるべく早く119番通報)，自分は救命処置を開始する，
④ 見た範囲で規則的で正常な呼吸をしているかどうかを確認する．判別不能とか不自然な呼吸，または10秒以内に確認できなければ呼吸なしの扱いとする，
⑤ 訓練を受け自信のある救助者の場合は，仰向けに寝かせた状態で片方の手で額を押さえ，もう片方の人差し指と中指で顎を上に持ち上げることにより気道の確保を行う．口の中に異物があれば除去する．訓練を受けていない救助者は行わなくてよい，
⑥ 人工呼吸の応急処置として心臓マッサージ(胸骨圧迫)を行う．胸の真ん中(左右の乳頭の中央)に手の付け根を置き，両手を重ねて肘を真っ直ぐ伸ばし，少なくとも100回/分以上の速さで継続できる範囲で強く圧迫を繰り返す．胸が少なくとも5cm以上沈むようにと推奨されているが，その場で測れないので，継続できる範囲で強く行えばよいとのことである．

人工呼吸は，訓練を受けていない救助者は行わなくてよいことが決められている．訓練を受け，自信のある救助者の場合は，鼻を押さえ胸部が膨らむよう口から漏れがないようにして息を約1秒吹き込む．人工呼吸を行う間隔は，胸骨圧迫30回ごとに2回が目安だが，胸骨圧迫の中断は10秒以内とする．訓練を受けていない救助者は，AEDまたは救急隊到着まで胸骨圧迫だけを続ける．AEDは到着した

らすぐに使用する．体が濡れていれば拭き取る．それ以外の手順は，AED の音声ガイダンスに従う．AED は，電気ショックを心臓に与えて「心室細動」という不整脈を治療する医療器械である．心肺停止の多くが心室細動で，除細動は早く行えば行うほど有効で，救急車が来る前にできるだけ早く除細動を行うため，一般市民に AED の使用が認められている．

自発呼吸ができない状態になると，肺に空気を押し込み，酸素を取り入れる人工呼吸が必要になる．人工呼吸器は治療器具として一般的には認知されているが，病気治療するものではなく，むしろ人体にとっては負担になる．ただし，医師の監督の下，正しい使用がなされ，かつ短時間であればこの限りではない．

人工呼吸器として使われるのは，チューブを口や鼻から入れる気管挿管である．気管挿管は，緊急時または手術時における迅速，確実な気道確保の器具だが，事故の危険をはらんでいる．また，使用に当たっては，肺炎の危険もあり，長期に及ぶ場合には気管切開に移行する．1 ～ 2 週間たっても呼吸器を外す見込みがない時は，喉に穴を開ける気管切開してチューブを入れる．気管切開は，在宅での管理に向いていて，家族も訓練を受ければ気管吸引や呼吸器の操作等ができる．マスクは着脱が容易で，睡眠時無呼吸症候群等には患者による自己管理も可能である．

人工呼吸器の中には，呼吸の状態を持続的に測定する機能のついたもの，呼吸器の離脱を自動的に行うもの，在宅人工呼吸に使用する小型で医療従事者以外でも操作できるもの，マスクを使用し気管挿管の必要ないものまで様々な種類が使われている．しかし，それぞれ操作が異なり，また独自の動作モードや作動原理を持ったものが多く，医療事故の一因ともなる．

人工呼吸器は病気が治るまで呼吸を助けるもので，終末期の場合，呼吸ができずに苦しんでいる時に人工呼吸器を装着すれば呼吸は楽になるが，外すと死に直結するため，なかなか外せないという問題点がある．

まとめ　応急処置の人工呼吸では，胸の真ん中に両手を重ね，100 回 / 分以上の速さで継続できる範囲で強く圧迫を行う心臓マッサージが有効である．心得のある人は，口から漏れがないようにして息を約 1 秒吹き込む人工呼吸を行うことが望ましい．AED が到着したらすぐに使用することが望ましい．自発呼吸ができない場合には，人工呼吸器を使う．その方法として，陽圧をかけて肺に気体を送り込む方法，気管切開をしてチューブを入れる方法，マスクとアンビューバッグを使う方法等がある．

‥ 56話　酸欠になるとどうなる？ ‥

酸素欠乏症は，人体が酸素の濃度18％未満である環境で生ずる症状である．脳は最も多く酸素を消費し，全身の約25％で，そのため，脳は酸素の不足に対して最も敏感に反応を示す．脳の機能低下から始まり，機能喪失，脳の細胞の破壊につながる．

人は主に肺胞でガス交換をする．肺胞毛細血管から肺胞腔に出てくるガスの酸素濃度は約16％で，これが空気中の20.9％の酸素と濃度勾配に従って交換される．酸素16％以下の空気を吸うと，肺胞毛細血管中の酸素が逆に肺胞腔へ濃度勾配に従って引っ張り出されてしまう．例えば，酸素10％の空気は，呼吸にとっては「10％酸素がある」のではなく「酸素を6％奪われる」空気ということである．さらに血中酸素が低下すると，延髄の呼吸中枢が呼吸反射を起こし，反射的に呼吸を起こすことになり，さらに血中酸素が空気中に引っ張られる悪循環が起こる．低酸素の空気中では短時間で意識低下に至り，気付いてからでは遅く，さらに運動機能も低下するので自力での脱出は困難になる．酸素が欠乏しているかどうかは臭い，色等では全く判別できず，また初期症状も眠気や軽いめまいだけで，息苦しさもない．そのため，酸素の濃度が低いことに全く気付かずに奥まで入ったり，人が倒れているのを見てあわてて救助しようとして進入して，救助者も昏倒したりする．酸素欠乏症になる可能性のある危険箇所と危険要因を**表7**に示す．

表7　酸素欠乏症になる可能性のある危険箇所と危険要因

危険箇所	危険要因
タンク，地下室，井戸，洞窟，窪地	二酸化炭素等の空気より重いガスが下に溜まることで酸素濃度が低下
沼や沢等の腐泥	腐泥層からメタンガスが湧出して酸素濃度が低下
マンホール内	好気性微生物が酸素を消費するため酸素濃度が低下
野菜，穀物，牧草，木材の貯蔵庫	植物でも光合成による酸素生成より呼吸による酸素消費が上回ることがあるため酸素濃度が低下
おがくず，酒類や調味料のしぼりカス等の倉庫	水気があれば腐敗，発酵しやすく，その際に酸素を消費して濃度が低下
屑鉄，屑アルミ等の金属倉庫	金属が酸化する際に酸素を消費して濃度が低下
窒素，アルゴン，ヘリウム等のガスがある所	それ自体は無害なガスでも，直接吸引または袋等の狭い空間に充満した場合は酸欠となる危険性が高い

酸素濃度がどの程度低くなるとどのような症状が現れるかについては，酸素濃度16％で呼吸脈拍増，頭痛悪心，吐き気，集中力低下，酸素濃度12％で筋力低下，めまい，吐き気，体温上昇，酸素濃度10％で顔面蒼白，意識不明，嘔吐，チアノーゼ，酸素濃度8％で昏睡，酸素濃度6％で痙攣が起こるとされている．

酸素濃度が18％以上であっても，必ずしも健康状態にあるとは言えない人たちもいるようである．食生活，運動不足，生活環境等の様々な要因により，体内の酸素濃度は低下する．体内の酸素濃度が低いということは，脳に送られる血液中の酸素濃度も低く，脳も酸欠状態を引き起こしている．脳細胞が酸欠になると，脳の動きも鈍くなり，眠い，疲れやすい，集中力や記憶力がない，物忘れがひどいという状態になる．体内の酸素濃度が低下すると，人間の防衛本能が働き，不足分の酸素を補おうと頑張ることになる．その結果，頑張りすぎた筋肉や各機能はエネルギー不足となり，疲れてしまう．さらに，酸素が不足することで，乳酸等の疲労物質も溜まりやすくなる．原因としては，体質からくるもの，職場や家庭の環境が新鮮な空気に満たされていないことがある．

対策としては，運動をすることである．特に体質による酸欠状態は，呼吸が浅いことである．運動をすれば，肺や横隔膜が鍛えられて肺活量がアップし，深い呼吸ができるようになる．もう一つは，深呼吸をすることである．体質および環境による酸欠のどちらにも有効である．さらに，酸欠状態を解消するには鉄分を摂取することも必要で，鉄に含まれるヘモグロビンが体中に酸素を運搬している．

まとめ　酸素欠乏症は，人体が酸素濃度18%未満の環境で生ずる症状である．酸素欠乏症になる可能性のある地下室，マンホール，窪地，野菜，穀物，屑鉄等の貯蔵庫等の危険箇所には注意が必要である．脳は酸素の不足に敏感で，機能喪失や脳の細胞の破壊を引き起こす．呼吸脈拍増，頭痛，吐き気，集中力の低下から始まり，危険な状態になる．対策には，酸素濃度18%未満の環境を避けることが重要である．習慣的な酸欠状態の解消には，運動をすること，深呼吸をすること，鉄分の摂取が必要である．

‥ 57話　昆虫はどのように呼吸している？ ‥

昆虫も呼吸をするが，脊椎動物のように口から空気を吸い込んで吐き出すわけではない．昆虫は，胸と腹に少なくとも2対の気門を持っていて，体の各部分に気管で空気を供給している．肺は持っていないが，気管の末端が袋状に拡大した気嚢という構造を持っている昆虫もいる．

昆虫は，二酸化炭素を気門から排出しているが，それ以外の老廃物は血液に乗って人間の腎臓にあたるマルピーギ管という所で濃縮して糞と混ぜて排出する．ウジは体の前後端に気門を2対，ボウフラは後端に1対ある．全く気門を持たなくて皮膚呼吸をする昆虫もいる．開口部の周りに多少突出した覆いがあり，これに体表の陥入によってできた気門室が続く．その覆いで空気の出入りを調節するものもあるが，多くの昆虫の気門室には1つまたは2つの弁があり，それに付着する筋肉の収縮開張によって気門を開閉する．昆虫の場合，気門につながる気管は，体の隅々まで羽の中まで張り巡らされている．そして，組織は哺乳類のように赤血球等を介することなく直接気管から酸素を取り込み，二酸化炭素を排出する．

昆虫も細胞レベルで酸素呼吸をしている．そのため，気門から体の内部に気管と呼ばれる管が樹枝状に伸び，気管の先は細分化されていてそこから体内に酸素を溶け込ませている．昆虫には人間のような血管はなく，体は液体の詰まった袋みたいなものである．血リンパと呼ばれる体液の中に酸素が溶け込み，拡散して細胞に到達する．この発達した気管に血球が接触する．特に顆粒細胞と呼ばれる細胞は，低酸素によって浮遊細胞の数が60％も増加すること，最後部の気管に接触するとその形態を酸素が存在する状態に戻すことから，酸素を運んでいることがわかる．**図35**に昆虫の呼吸方法を示す．

したがって，昆虫の息の根を止めるには，気門をすべて塞ぐか，気門からの空気の出入りを制御している筋肉の働きを止めればよい．殺虫剤の大部分は，昆虫の神経細胞に作用して筋肉の働きを停止させ，窒息死させる．ゴキブリに中性洗剤を掛けると死んでしまうのは，気門が塞がれ，呼吸困難になってしまうからである．物理的防除法といわれるマシン油乳剤や界面活性剤も，気門に働き掛けて塞いだり，気門から水が入るようにし，窒息死を期待するものである．

水による窒息死等を避けるような仕組みを持っている昆虫もいる．水の中に棲む昆虫ゲンゴロウも，お腹の気門で呼吸している．ゲンゴロウは，羽とお腹との間に

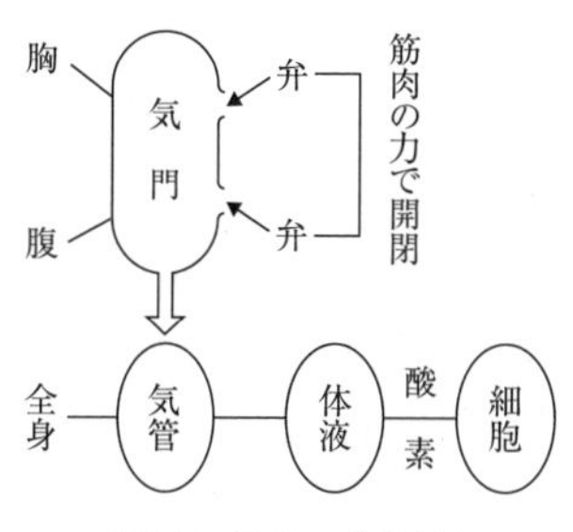

図 35　昆虫の呼吸方法

空気を貯めたり，体毛に空気の泡を付けたりなどし，それを少しずつ気門に送って呼吸している．そのため，水の中でも息ができるが，たまに空気を吸いに水面まで上がってこないといけない．水面にお腹の先を出して空気を吸う．

カイガラムシ類は動かない昆虫の代表だが，胸部と腹部に対になった気門があり，その開口部は他の昆虫と同様に微生物やほこりの侵入を防ぐ構造になっている．気門の周辺には様々な型や数のワックス分泌孔があり，白色のワックスが分泌される．この糸状ワックスは，毛糸玉のようになっていて気門の開口部を塞ぎ，エアフィルタの役目をする．また，カタカイガラムシ類のある種は，寄主植物に密着して生活するが，気門の開口部から体側の空気取入れ口までワックスの突起があり，空間を作る．体側に分泌孔があり，そこから樹枝上のワックスを形成してフィルタとする．

まとめ　昆虫は胸と腹に少なくとも 2 対の気門を持っていて，体の各部分に気管で空気を供給している．気門から体の内部に気管と呼ばれる管が樹枝状に伸び，細分化された気管の先端から体内に酸素を供給している．組織は赤血球等を介することなく直接気管から酸素を取り込み，二酸化炭素を排出する．多くの殺虫剤は，昆虫の神経細胞に作用し，気門からの空気の出入りを制御している筋肉の働きを止める作用で窒息死させる．

·· 58話　チョウはどのように呼吸をしている？ ··

昆虫たちは，体が小さいことを利用したユニークな呼吸方法を身に付けている．人の血管のように，体中に気管という空気が通る管を張り巡らした．チョウの体の細胞は，栄養等を体液から貰い，酸素は気管から取り込む．この仕組み(気管系)は昆虫たちの体を軽くし，空を飛びやすくするという効果を与えた．チョウの胸部と腹部の側面をよく見ると，小さな楕円形の紋が各節の側面に左右一対ずつある．この楕円形の穴が空気を体の中に取り込む気門である．

図36にアゲハチョウの幼虫の気門の位置を矢印で示した．気門には筋肉が付いていて，空気を出し入れする時に開き，それ以外の時は水分が体から出ていかないように閉じている．また，気門には細かい毛が密生していて，人間の鼻毛のようにごみ等が入らないようになっている．気門は直接気管につながっていて，そこから体中に張り巡らされている．また，気門はちょっと太めの気管で，隣り同士の気門とつながっているため，1つの気門が詰まってもチョウが窒息することはない．気門の数と位置は，成長とともに少し変わる．チョウの卵には気門がなく，撥水性のある空気が通る呼吸孔と呼ばれる小さな穴が表面にたくさん開いている．卵等は体内の活動も少なく，必要となる酸素はごく微量である．気門は，幼虫には胸部(前胸に1対)と腹部(第1から第8節まで各節に1対)ある．成虫には胸部(前胸と中胸の間に1対，中胸と後胸の間に1対)と腹部(第1から第7節まで各節に1対)にある．成虫は，体が鱗粉に覆われ，気門が大変見えにくくなっている．

チョウはどのように空気を体中に送っているのであろうか．気門を開いただけでは，空気はチョウの体を出入りできない．成虫の場合，気管が膨らんで袋状になったものが頭部，胸部に1対ずつ，腹部は付け根に2対ある．チョウが腹部を伸ばすと，この袋が膨らんで気門から空気が気管に流れ込んでくる．その後，後方から腹部を縮めると，気門が後から順番に閉じて空気が前の方へと押し出される．腹部にある体液

図36　アゲハチョウの幼虫の気門の位置［出典：http://www.pteron-world.com/topics/anatomy/respratory.html，2015.12.3 アクセス］

も，同様に胸部に流れ込む．体液が流れることにより，気管の中の空気も体液に押されて一緒に動くと考えられ，翅や触角についても体液に押されて空気が流れ込む．また，翅を羽ばたいたり，体を動かすことによっても空気が気管内を動く．結局，チョウの体内への空気の移動は，腹部を伸ばしたり縮めたりして行っている．

幼虫の場合は至って単純で，成虫のような袋もなく，気門から体中に気管が伸びているだけである．体を動かすことによって空気が動く．昆虫の場合，人のように体を温めたりすることがないため，大量の酸素を必要としない．よって，人のように呼吸のペースはあまり速くなく，腹部の伸び縮みはそれほど目立つものではない．

ま と め　蝶は幼虫から成虫に至るまで各節に一対の気門を持っていて，体の各部分に気管系を発達させ呼吸している．気門には筋肉がついていて，空気を出し入れする時に開き，それ以外の時は水分が体から出て行かないように閉じている．この仕組みは蝶の体を軽くし，空を飛びやすくする効果もある．蝶が腹部を伸ばすと，気門から空気が気管に流れ込み，腹部を縮めると，気門が閉じて空気が押し出される．

‥　59話　鳥はどのように呼吸している？　‥

鳥は飛行したり食べ物をエネルギーに変える時，多量の酸素が必要である．また，潜水採食する鳥も多量の酸素が必要である．そのため，鳥は酸素を効率よく取り入れる体に進化した．鳥の肺は小さいが，その肺にはたくさんの気囊（きのう）という袋が接している．鳥の肺と気囊の構造を**図37**に示す．気囊は空気を送るポンプの役割を担っている．哺乳類の肺の中の空気は，入ったり出たりと流れる方向が変わるが，鳥の肺の中の空気は，この気囊の働きにより肺の中をほぼ一定方向に流れる．これに対して，鳥の肺の毛細血管中の血流は，空気の出口側から入口側に向かって流れている．鳥の肺の中の空気は，肺の中を流れていくに従って血流によって酸素を奪われ，入口に近い位置ほど酸素濃度が高く，出口に近くなるほど酸素濃度が低くなる．血液は酸素を濃度が高い所で吸収し，濃度が低い所で放出する．鳥の肺の空気の出口付近は，空気の酸素濃度が低くなっているが，その部分を流れる血液は肺に入ってきたばかりの酸素濃度が低い血液であるため，低い酸素濃度の空気からでも酸素を吸収することができる．このため，鳥の肺を通過した空気は，酸素が吸収され尽くされる．つまり，同じ量の空気を呼吸する場合，鳥の肺はより多くの酸素を吸収することができる．呼吸で体内に取り入れた新鮮な空気は，肺を通らず，後気囊に蓄えられ，後気囊から送り出された新鮮な空気が肺を通過するとき，酸素と二酸化炭素が交換される．肺から排出された二酸化炭素は前気囊に蓄えられ，前気囊から外部へ送り出される．

鳥の体には9つの気囊がつながっていて，気囊がポンプの役割を果たしている．

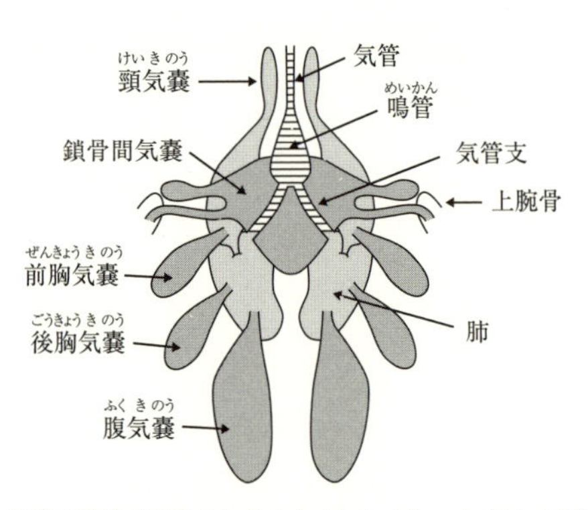

図37　鳥の肺と気囊の構造［出典：toriz.info/birds_kikan_hai.html, 2015.12.3 アクセス］

気管から入った空気は，いったん後胸気嚢という袋に入り，そこから肺に送られる．肺は細い管状になっていて，酸素と二酸化炭素を交換するガス交換だけを行う．鳥の体の5分の1は肺につながる気嚢が占めている．気嚢は翼の骨の中にまで伸びている．気嚢を使った肺での一方通行のガス交換は，哺乳類より効率的で，息を吸うときも吐く時も酸素を取り入れることができる．また，体の熱を逃がすのにも使われている．

鳥類の骨は竹のように中空である．だが，同じ鳥類でもアヒルやペンギン等のように潜水する鳥は，骨を重くするため，哺乳類と同じように空気ではなく骨髄で満たされている．気嚢は体の隅々まで入り込み，翼や足の骨の内部にまで入っている．

哺乳類は横隔膜で肺を伸縮できるが，鳥類には横隔膜はなく，肺は比較的小さく，伸縮はできない．代わりに気嚢が伸縮し，一方通行の哺乳類の肺よりも効率的にガス交換を行う．

鳥の吸息と呼息の仕組みは以下のようである．吸息では肺の左右にある気嚢が膨らみ，右の後方気嚢に新しい空気が吸い込まれ，古い空気は左の前方気嚢へ移動する．呼息では左右の気嚢は縮み，新しい空気が肺へ，そして古い空気は排出される．気嚢がポンプの役割を果たし，空気は一定方向に安定して流れる．

気嚢システムは，呼吸機能として使われるだけでなく，飛行中に発生した熱を逃がすのにも使われている．鳥は汗腺がないため汗をかかないが，気嚢に外気を送って体温の上昇を防いでいる．鳥は特有の優れた呼吸の仕組みを持ち，その他の体の機能も揃っているため，7,000 ～ 8,000 m の高山でも越えることができる．

ま と め　鳥は飛行するため多量の酸素が必要で，酸素を効率よく取り入れる体に進化した．鳥の肺にはたくさんの気嚢という袋が接していて，空気を送るポンプの役割をし，空気をほぼ一定方向に流す．肺は細い管状になっていて，酸素と二酸化炭素を交換するガス交換だけを行う．肺の毛細血管中の血流は，空気の出口側から入口側に向かって流れ，効率良く酸素を吸収する．同様に，二酸化炭素を排出する．気嚢は鳥の体を軽くし，飛行中に発生した熱を逃がす役目もしている．

‥　60話　クジラはどのように呼吸している？　‥

クジラは魚ではなく哺乳類なので，水の中では息はできない．人と同じ肺呼吸をしているので，呼吸するためには海面に出なくてはならない．クジラの潮吹きは，肺からの息を出したものである．息を吐き出すことで空気を大量に吸い込むことができる．クジラの噴気孔は，他の哺乳類の鼻にあたり，穴の形は，ヒゲクジラは八の字型で，数は2つ，ハクジラは1つで鼻道が2本ある．鼻の位置は，体の上面にあり，海中を泳いでいる時は，鼻の穴を閉じている．クジラは，陸上動物から進化する過程で鼻が上面に移動した．クジラは一生海水中にいるので，泳ぎながら呼吸できる方が便利である．クジラは鼻の位置を上面に移動させることにより，長時間泳いだ後，海面近くに上昇して楽に呼吸できるようになった．

潮吹きは，海面に出てすぐに息を吐き出すため，まだ体についている海水や鼻の穴から窪みに溜まってる海水が霧のように吹き飛ばされ，白く見える．また，吐く息には水蒸気が多く含まれているが，それが冷やされて水滴が多くできる効果もあってよけいに白く見える．この潮吹きの大きさや形は，クジラの種類により決まっているようで，コククジラはきれいなハート型で，マッコウクジラは頭の角から斜め前に出ているなど，潮吹きを見ただけでクジラの種類がわかるそうである．一番大きいシロナガスクジラは潮吹きもすさまじく，10～15 m も吹き上げる．**図38**にクジラの，潮吹きの様子を示す．

ツチクジラやマッコウクジラは30分以上潜水できるのに比べ，人間は長くて2分ぐらいしか息を止められない．なぜクジラはそんなに息が持つのかは，血液が関係している．人は血液の赤血球の中に含まれるヘモグロビンが酸素と結合し，体中に酸素を行き渡らせる．クジラには，ミオグロビンというヘモグロビンと同様な働きをするタンパク質が大量にある．ミオグロビンは酸素親和性が高く，酸素運搬にはあまり向かないが，組織に酸素を貯蔵するのに有利である．そのためクジラは酸素を大

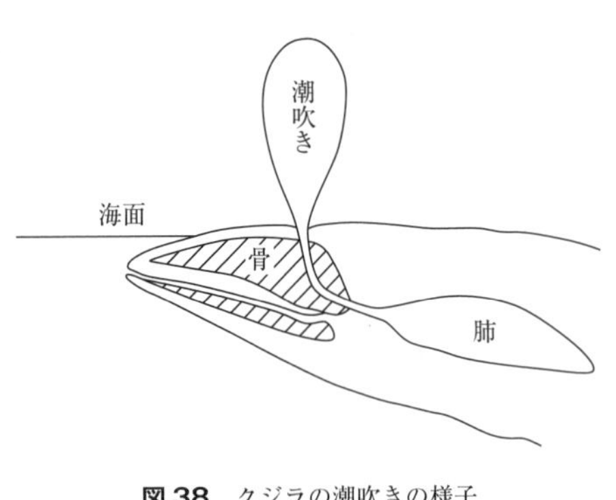

図38　クジラの潮吹きの様子

量に筋肉に貯めることができ，長時間の潜水ができる．人は陸上で直立二足歩行をしているため四肢が発達し，血液を体の隅々まで送るのが重要になったが，クジラは海中を泳ぐため，重力と浮力が釣り合っていて，血液を体の各所に送るのが容易である．そのため，人はヘモグロビンを，クジラはミオグロビンを血液の運搬や貯蔵の役として選んだのである．

さらに，クジラは効率の良い呼吸時のガス交換能力を持っている．人は1度の呼吸で肺の中の酸素の10～15％しか取り込んで交換できないのに対し，クジラは80～90％もの酸素を取り込むことができる．

クジラは生きていくためにいろいろな機能を持っている．深海でダイオウイカ等を食べるマッコウクジラは深さ1,000 m，1時間以上も潜水できる．ヒゲクジラ類の鯨ひげは，ろ過摂食するためのフィルタとしての役割を持っている．ヒゲクジラのうちナガスクジラは，海水を口と腹いっぱいに飲み込んだ後，口を閉めて腹から水を吐き出す．海水はヒゲの間から流れ出て，小魚やプランクトンだけが残ることになる．セミクジラは口を開けながら泳いで，ヒゲに引っ掛かる餌を食べる．

大型のクジラにとっては，食べられる餌が豊富でなければが生き残れない．クジラは餌と繁殖のために季節によって海を移動しながら暮らす．特に，ヒゲクジラは地球規模の大きな回遊をし，冬の繁殖期を暖かい海で過ごし，夏になると豊富な餌を求めて冷たい北太平洋等へと回遊する．冷たい海で大量に食べて栄養を皮下脂肪として溜め込んだ後，また餌が捕れる時まで，ほとんど餌を食べずに過ごす．

まとめ　クジラは哺乳類なので肺呼吸をしていて，水の中では息ができず，呼吸には海面に出る必要がある．クジラの潮吹きは，肺から吐き出した息を残っていた海水と共に鼻から出したものである．クジラは一度の呼吸で肺の中の酸素の80～90％を取り込むことができる．クジラが30分以上も潜水できるのは，血液中にミオグロビンという組織に酸素を貯蔵するのに有利な物質を持ち，酸素を大量に筋肉に貯めると共に，効率の良い呼吸時のガス交換能力を持っているからである．

‥ 61話　魚はどのように呼吸している？ ‥

魚は，泳いだり，食べ物をエネルギーに変える時，酸素を必要とする．人は口と鼻から吸った空気を肺まで送り，肺の壁にある非常に細い血管の中に酸素を取り込む「空気呼吸」を行う．魚は口から吸った水を鰓（えら）に送り，水に溶け込んだ酸素を鰓表面の細い血管に取り入れる「水呼吸」を行う．鰓は人の肺と同じ働きをしている．硬骨魚には1対の鰓蓋があり，4対の鰓を覆っている．口と鰓蓋を交互に開閉させて水流を起こし，呼吸を効率よく行う．硬骨魚の鰓には，血管が通っている赤い弁状の器官がたくさん並んでおり，この部分が一次鰓弁で，その両脇に二次鰓弁の無数の襞（ひだ）でガス交換が行われる．

世界の魚の種類は約1万5,000とも言われているが，それぞれ違った生活をしている．中には空気呼吸をする魚もいる．ドジョウは時折水面に出てきてオナラをすると言われるが，これは水面に出て腸で空気呼吸をしているのである．干潟を跳び回るトビハゼという魚は，鰓で水呼吸をするが，皮膚からの空気呼吸もする．ウナギも同様に皮膚呼吸をするので，陸上を這って移動できる．肺魚は，浮き袋が肺と同じような働きをする空気呼吸魚である．この魚は「生きた化石」と言われており，水が干上がると地中にもぐり，空気呼吸をして雨が降るのを待つ．

鰓呼吸と皮膚呼吸の両方をできる魚は水中と地上で生活できて便利なように見えるが，人の空気呼吸の方が酸素を取り込みやすい．水中の酸素が不足してくると，魚は水面上に口を突き出してアップアップするが，この行動は水面を掻き回して吸い込む水に酸素を溶解させるためにやっている．そして，鰓に直接触れた酸素もちゃんと取り込めている．

では，なぜ魚を水から引き上げると呼吸ができないのであろうか．

鰓には表面にたくさんの穴があって大量のガス交換ができるようになっている．交換したガスのうち酸素は，血液中のヘモグロビンに含まれる鉄と結び付いて運搬されて体内に運ばれる．そして，二酸化炭素は体外に排出する．鰓表面の穴は，中の血液を逃がさずガスは通すギリギリのサイズに開いているが，水中用の穴なので，空気中に出て乾燥すると穴のサイズが変わり，ガス交換ができなくなる．同じ鰓でも，陸生適応しているオカヤドカリやヤシガニ等は，鰓の周りに水を蓄え，その水に酸素を溶かして呼吸に使っている．肺呼吸をする動物でもガス交換の穴が必要なのは同じで，あまり乾燥すると呼吸できなくなる．そのため，肺呼吸をする動物は，体の表面ではなくて肺という湿度の高い環境を体内に作り，その中でガス交換をしている．水中の鰓と較べると乾燥に強いガス交換の仕組みを獲得している．

「水呼吸」のガスの排出に目を向けると，空気中の酸素を有効に取り込める魚でも，水から引き上げたままにしておくと死ぬ．これは酸素が不足するためでなく，二酸化炭素を体外に排出できなくなるためである．液体に溶けにくい酸素と違い，水に溶ける二酸化炭素の排出は，水中では何の苦労もない．そのため，二酸化炭素を体外に排出する仕組みを具えていない魚が多いのである．これを具えているのは肺魚等ごく一部の魚だけである．他の魚は「湿っている」程度では有効に体内の二酸化炭素を排出できないので，水に浸かっていないと，遠からず血中の二酸化炭素過多で死ぬことになる．ウナギ，ドジョウ，イワナ，ナマズ，コイ等の「湿っている」程度でも二酸化炭素排出がある程度できる魚の場合，乾かなければ，結構長時間生きていられる．コイ等は，水から引き上げた状態で静かに運べば一晩くらい大丈夫であっても，バタバタ暴れると数時間も持たずに死ぬことになる．ウナギやイワナは，ある程度の運動を陸上でこなせるくらいの排出能力は具えているが，ナマズは，容積当たりの体表面積が小さいのであまり持たない．

鰓には塩類細胞と呼ばれる細胞が多く存在する．これは体と水の間での浸透圧差に対抗して，Na^+イオンやCl^-イオン等の塩類を能動輸送する生命維持に欠かせない細胞である．細胞膜上に各種のイオンチャネルやポンプを具えていて，能動輸送を行うエネルギーの供給装置としてミトコンドリアが多数存在する．また，海水魚と淡水魚では塩類細胞の形が異なっている．海水魚では海水中へ塩分を放出し，淡水魚では逆に淡水中の塩分を積極的に取り入れ，どちらも体内の浸透圧を一定に維持するのに寄与している．

まとめ　魚は口から吸った水を鰓に送り，水に溶け込んだ酸素を鰓表面の細い血管に取り入れ，二酸化炭素を鰓から排出する．これを水呼吸と言う．魚が水のない所で生きていけないのは，酸素を取り込めないからではなく，二酸化炭素の排出ができないからである．二酸化炭素は水に溶けるので，水呼吸での排出が容易である．トビハゼ，ウナギは鰓で水呼吸するが，皮膚からの空気呼吸もするので，陸上を這って移動できる．

‥　62話　植物はどのようにして呼吸をしている？　‥

植物は，光合成で二酸化炭素を取り込んで酸素を排出している．植物は呼吸も行っていて，酸素を取り込んで二酸化炭素を排出している．植物は，なぜ光合成の逆の反応である呼吸をするのであろうか．

植物は，葉の葉緑体が二酸化炭素と水を原料にして，太陽からの光エネルギーを利用して光合成を行い，ブドウ糖として保存している．そして，ブドウ糖をより保存しやすいデンプンに作りかえる．デンプンは，光のエネルギーを化学エネルギーとして貯えたものである．

植物はエネルギーを貯めこむだけのためにデンプンを作るのではない．生きるため，成長するためには，昼でも夜でも常にエネルギーが必要である．そのエネルギーを化学エネルギーとして保存したデンプンを分解することで得る．このことを呼吸と言う．呼吸は光の有無に関係なく，晴れた日の日中も雨の日や夜も行われている．葉緑体の内部では必要なATP（アデノシン三リン酸）を直接合成できるが，それ以外では，ミトコンドリアがないとATPを得ることが困難で，植物にもミトコンドリアでの呼吸が必要なのである．もう一点は，貯蔵の問題である．光合成ができない夜間も，また落葉樹であれば冬の間でも，生きていくためには一定のエネルギーが必要である．そのエネルギーを昼または夏の間に光合成で蓄えておくわけで，それをATPの形で貯めると非常にかさばる．そのため，より効率的にエネルギーを貯められるデンプン等の形で貯蔵する．使う時には，デンプンを分解してATPを作らなくてはいけないので，ミトコンドリアでの呼吸が必要になる．

植物の呼吸は，**図39**に示すように葉の裏にある気孔という穴から酸素を取り入れ，二酸化炭素を放出する．酸素と二酸化炭素の出入りには孔辺細胞を開閉する．しかし，晴れた日の日中は光合成の方が遥かに盛んで，呼吸はほとんど目立たない．植物も動物と同じように呼吸するが，光呼吸とは全く別の経路なので，暗呼吸と呼んで区別することもある．呼吸は式(9)に一例を示すように，糖等の有機物を分解してエネルギーを取り出す経路を含む．

$$C_6H_{12}O_6 + 6\,O_2 \rightarrow 6\,CO_2 + 6\,H_2O + \text{エネルギー} \qquad (9)$$

ここで，$C_6H_{12}O_6$ 1分子に対し38 ATP程度のエネルギーが生産される．植物細胞中で起こっている呼吸の主要なものは式(9)で表されるが，呼吸は糖だけではなく，脂質やアミノ酸等を基質とすることができ，多様な仕方がある．

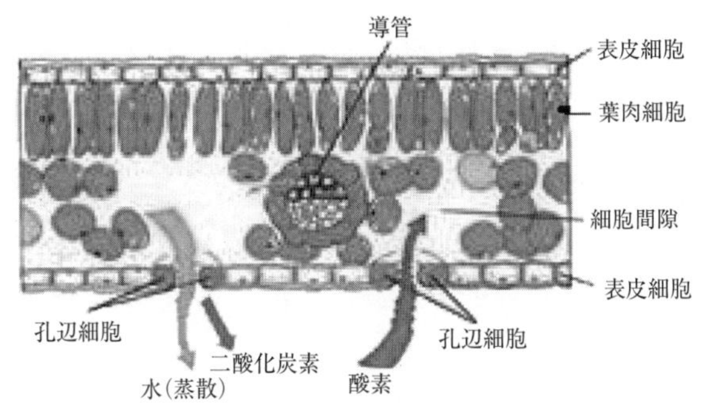

図39　呼吸をしている時の気孔［出典：日本植物生理学会HP, 一部改変］

呼吸の大部分はミトコンドリアで行われる．ミトコンドリアは細胞内小器官の一種で，外膜と内膜の2つの膜構造からなっている．呼吸は，大きく3つのステップに分けることができる．第1は，細胞質で起こる解糖系で糖が分解され，ピルビン酸，リンゴ酸が生成し，ミトコンドリアに輸送される．第2は，TCAサイクル(クエン酸回路)でピルビン酸やリンゴ酸が分解され還元性の物質が発生し，ATPもわずかに生産され，二酸化炭素が放出される．第3は，電子伝達系で，ミトコンドリア内膜の内外にプロトン(H^+)勾配を作り，還元力が強い物質から電子が伝達され，内膜中を移動する間にプロトンが膜の内側から外側に移動する．プロトンの勾配が形成されると，その勾配をエネルギー源としてATP合成酵素によりATPが合成される．

まとめ　植物は，光合成だけでなく，呼吸も行っている．植物は生きるため，成長するため，夜も昼もエネルギーが必要で，光合成で獲得し保存したデンプンを分解することで得ている．これを植物の呼吸と言う．植物は，外界から気孔を通して取り込んだ酸素を用いてデンプンや糖を分解し，エネルギー源であるATPを生成し，二酸化炭素を排出する．呼吸の大部分は，細胞内小器官の一種であるミトコンドリアで行われる．

第 10 章　燃焼と空気

‥ 63話　着火と消火にはどんな方法がある？ ‥

人類は約50万年前から火を生活の道具として使うようになった．そのきっかけは，自然に起きた森の火災の焼け跡の燃え残りだったと考えられている．その後，黄鉄鉱や白鉄鉱の塊に火打石を打ちつけ火花を飛ばす着火方法が使われていた．

19世紀には，側面に赤燐，頭薬に塩素酸カリウムを用いた，発火部の頭薬を側薬に擦り付けるマッチが登場した．

ライターは，気化した燃料に着火装置を組み合わせたものである．燃料には液化したブタン(C_4H_{10})が使われる．ブタンの沸点は－0.5℃であるので，圧力を加えると容易に液化する．着火装置には，回転させて石を削って火花を散らせて点火させるタイプと押す力で電磁誘導して電圧差を利用して火花を出すタイプとがある．

ガスコンロの点火には2通りある．圧電式は，点火ハンドルを回すと圧電素子から火花が飛び，ハンドルが全開状態でガス弁が開いた状態となり，バーナーへガスが流れて着火する．押しボタン式も同様で，点火ボタンを押している間はガス弁が開いた状態となり，乾電池の電圧により火花が飛び着火する仕組みである．

ものが燃えるには，熱源，可燃物，酸素の3つの要素が必要である．逆に言うと，このうちのどれか1つをなくすことで消火ができる．消火には，温度を下げる冷却消火，可燃物を取り除く除去消火，火を酸欠状態にする窒息消火が用いらる．

消火器は，冷却作用，窒息作用，抑制作用で消火する．このうち抑制作用は燃焼反応を抑えて消火する．粉末消火薬剤，ハロゲン化物消火薬剤が持つ作用である．

消防法では，消火器をA火災，B火災，C火災の3種類に分けて表示している．A火災は，紙，木，樹脂等の固形物が燃える一般的な火災，B火災は，食用油，ガソリンによる火災，C火災は，電気設備の火災に使用可能としている．消火器には3種類の円型マークがあり，適応する火災がわかるようになっている．

水消化器は蓄圧式で，噴霧ノズルを持つ純水を用いた水消火器である．原理的には水バケツと同じで，冷却による消火である．対応する火災は，普通火災と電気火災である．

酸アルカリ消化器は，濃硫酸と炭酸水素ナトリウム水溶液を反応させ，発生した二酸化炭素の圧力で薬剤を放出する．対応する火災は，普通火災と電気火災である．

中性強化液消火器は，界面活性剤にリン酸塩等を配合したリン酸塩系と，天ぷら油火災に適応したカリ塩系がある．消火作用は，冷却と抑制，窒息によるものである．リン酸塩系中性強化液は，窒息の作用で，ガソリン等の油火災にも効果がある．

化学泡消火器は，A剤(炭酸水素ナトリウム)とB剤(硫酸アルミニウム)を溶かした水溶液である．A剤とB剤は別々に入っているが，使用時に消火器をひっくり返すと反応して二酸化炭素が発生して薬剤が放射される．薬剤は劣化しやすく，1年ごとに詰め替えが必要である．消火の作用は，冷却と窒息である．対応する火災は，普通火災と油火災である．

界面活性剤消火器は，発泡しやすい泡消火薬剤の水溶液である．放射ノズルから空気を取り入れ，発泡して噴射する．消火作用は，冷却と窒息，および抑制による．普通火災と油火災に対して優れた再燃防止効果がある．

二酸化炭素消火器は，二酸化炭素を薬剤とし，窒息の作用で消火する．特に電気設備，電話交換機，可燃性インクを使う印刷工場や空港等で用いられる．高圧で圧縮した液化二酸化炭素を使用し，自身の圧力で放射する．人の酸欠事故防止のため，地下街等には設置できない．消火の作用は窒息によるが，再燃の危険が大きいので，鎮火後は完全に消火したかどうか注意を要する．風上から放射し，使用後は直ちに換気を図る．対応する火災は，油火災と電気火災である．

粉末消火器は，粉末の消火薬剤を用い，薬剤にはNa(炭酸水素ナトリウム)(白色-薄青色)，ABC(リン酸アンモニウム)(淡紅色)，K(炭酸水素カリウム)(紫色)，KU(炭酸水素カリウムと尿素の反応生成物)(ねずみ色)の4種類があり，区別のために着色されている．油火災への消火能力は，後に記したものほど強力だが，ABC粉末が最も広く普及している．消火の作用は，主に抑制の作用による．抑制の作用は，他の消火薬剤より強力だが，冷却作用がないので，鎮火後は完全に消火したか確認を要する．対応する火災は，普通火災(ABCのみ)，油火災，電気火災である．

まとめ　着火には，側面に赤燐，発火部の頭薬に塩素酸カリウムを用いた両者を擦りつけるマッチが使われる．ライターには，石を削って火花を出すタイプと押す力で電圧差を発生して火花を出すタイプとがある．燃焼には，熱源，可燃物，酸素が必要であるが，このうちのどれか一つをなくすことで消火ができる．消火は，冷却作用，窒息作用，抑制作用による．消火器には様々な種類があるが，それぞれ一つ以上の作用があり，火災の種類に応じて使い分けられている．

・・　64話　ろうそくの炎は内側と外側でなぜ色が違う？　・・

ろうそくは，照明のみならず，宗教儀式，仏壇，祭り，誕生日のケーキの飾り等に至るまで様々な用途で使われている．

ろうそくの「ろう」はいわゆるワックスで，炭素(C)と水素(H)からなる炭化水素である．市販の蝋は，様々な炭素数のものが混じった混合物で，炭素数の多いものほど融点が高くなる．標準的には炭素数20～30で，融点が45～60℃のものである．

ろうそくは，ろうに芯を付けて円柱状にしたものである．ろうそくに芯を付けないとどうなるであろうか．芯がないと，まず着火の時に苦労する．仮に着火できたとしても，すぐに消えてしまうか，大きく燃え上がって燃焼の維持が困難になる．

ろうそくには木綿糸を撚った芯が付いている．芯に火がつくと，芯の近くのろうは熱を受けて液化する．芯は毛管現象で液状のろうを吸い上げる．吸い上げられたろうは，さらに加熱されて蒸発し，火炎に向かって拡散する．そこで空気中の酸素と反応して高温ガスを発生する．木綿糸はセルロースであるので，熱分解が200℃程度から始まり，ゆっくり燃える．炎を大きくするためには，ろうをどんどん溶かして芯の上部に上げて気体にする必要がある．たくさんのろうを上部に上げるには，芯を太くするのがよい．ただし，大量にろうを消費するので，ろうそくはすぐ短くなる．逆に芯を細くすると，炎は小さくなるが，ろうの消費が少なく，長い時間燃え続ける．

ろうそくの燃焼の反応式は，途中で様々な中間体を生成するが，最終的には式(10)で表される．

$$C_nH_{2n+2}+[(3/2)n+1/2]\,O_2=n\,CO_2+(n+1)\,H_2O \qquad (10)$$

炎の内部をよく見ると，燃え方の違う3つの部分がある．ろうそくの芯の周りの，まだ十分に燃えず気体が残っている所を炎心と言う．炎心は暗く，温度は約300℃である．炎心の外側でろうの気体が不完全に燃えている所を内炎（ないえん）と言う．炭素の微粒子(すす)が発生し，温度は約500℃である．ここでは，微粒子が熱放射によって主にオレンジ色をした連続スペクトルを持つ光を発し，炎の中では一番明るく光って見える．内炎の外側で色が薄く見えにくい所を外炎（がいえん）と言う．外炎はろうの気体が空気中の酸素と結び付き完全に燃えるため，一番温度が高く約1,400℃となっている．外炎にはCH，C_2といった反応中間体があり，これらが熱によって励起されて発光している．これらは主に青の輝線スペクトルを持つ光を放つが，この光はあまり強くないので，明るい場所では目立たない．燃えていない炭素は合体し，最終的にはすすとなって火炎の外に出る．式(10)の反応によって炭化水素(ろう)が消費され，二酸化炭素と水蒸気になる．**図40**にろうそくの炎の構造を示す．

ろうそく消しには釣鐘型とピンセット型がある．前者は，炎の上から被せて酸欠により消火する．後者は，芯をピンセットで挟んで熱を奪い，ろうの気化を止めることで消火する．また，息を吹き付けて消すこともある．これは，芯の周囲にある可燃性の気体を吹き飛ばすことで燃焼を止める．この行為はお誕生日のパーテイー等ではセレモニーとなるが，状況によっては無作法とみなされるため，手で扇いだり，ろうそく消しが使わる．

最近では，「電気ろうそく」と称するものもある．家庭でのろうそく使用は火災の原因となっているため，火災防止の観点から主に仏壇用に売られている．寺院用の大型の燭台に対応したものもある．これには電球やLED照明を用い，交流電源や乾電池を用いた照明器具である．

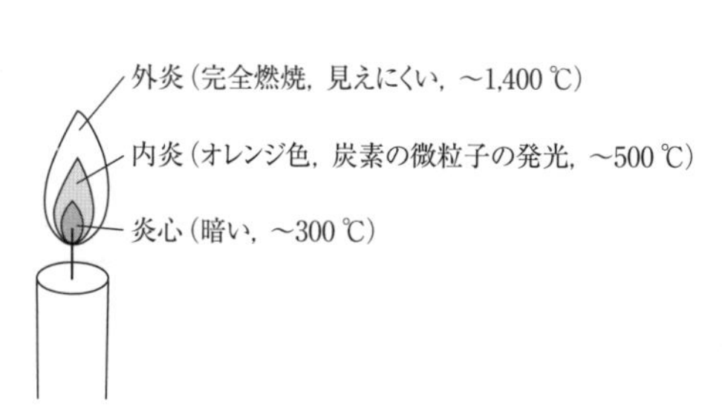

図40　ろうそくの炎の構造

まとめ　ろうそくは炭化水素からできている．火がつくと，芯の近くのろうは熱を受けて液化する．液化したろうは，木綿糸の芯から毛管現象で吸い上げられ，空気中の酸素と反応して高温ガスを発生する．炎の内部は芯の周りの炎心，炎心の外側の内炎，内炎の外側の外炎よりなる．炎心は暗く，約300 ℃である．内炎は約500 ℃で，炭素の微粒子が熱放射によってオレンジ色で明るく光って見える．外炎は1,400 ℃で，反応中間体が発光しているが，色が薄く目立たない．

‥　65話　水素爆発はどのようにして起こる？　‥

「水素をエネルギーに使う」というと,「爆発するから危険では？」と考える人も多いようである. その背景には, 東京電力福島第一原子力発電所事故での水素爆発により原子炉建屋が破壊された映像を想起する人が多いからとも考えられる. 水素はどの程度危険なのか, どういう条件で水素爆発は起こるのであろうか.

中学理科の実験では, 鉄, ニッケル, スズ等の金属に塩酸を加えて水素を得る. 発生した水素は水に溶けにくく, 水上置換法で集める. 水上置換法で集めた試験管の口にマッチの火を近付けると, ポンという音がする. その反応式は,

$$H_2 + (1/2)\,O_2 \rightarrow H_2O\,(\text{気体}) + 242\ \mathrm{kJ} \qquad (11)$$

で表せる. 水素2gが反応すると242 kJの熱が発生する. これは非常に大きなエネルギーで, それは水の分子(H_2O)が非常に安定な化合物であるからである. この大きなエネルギーを発生することが水素爆発の一つの理由となっている. 水素爆発が起こるには, 水素の「燃焼範囲が広い」,「きわめて小さなエネルギーで着火する」という条件がある. 水素は, 空気に4～75％混ざると燃える気体になる. この状態に火気はもちろん, 機械的な衝撃や静電気等のエネルギーが加わると, 着火する. 逆に言うと, 2つの条件が重ならなければ, 自然に着火・爆発することはない.

2015年よりトヨタが水素を燃料とする燃料電池車を発売し始めた. 燃料電池車は有害な排気ガスを出さない究極のエコカーと言われるが, 水素ガスの爆発する懸念が問題点の一つとなっている. 燃料電池車の安全性を検証するため, 着火実験等が行われている. それによると, 空気より重いガソリンはいつまでも燃え続け, タイヤや車体にも引火する. 一方, 空気より軽い水素は漏れ出ても, 酸素と混ざり燃え始めた瞬間に上昇し消えている. 燃料電池自動車は700気圧という高圧で水素を積載しているため, 万一タンクが損傷した場合の影響も調査されている.

東京電力福島第一原発事故で, 1, 3, 4号機で水素爆発が発生し, 原子炉建屋が破壊された. 通常の水素利用設備では, 万が一水素がタンク等から漏れ出ても, 上昇, 拡散する水素を上部の通気口から逃がすことで, 4～75％の濃度と着火エネルギーの付加という2つの条件が重なることを回避できる. 原子力発電所は放射性物質を外部に漏らさないようにするために密閉した設計になっていて, 福島第一原発の水素爆発で崩壊した壁は厚さ約1mの鉄筋コンクリート製であることからも, 爆発のすさまじさが想像できる. この爆発は, 建屋内に溜まっていた水素が空気中

の酸素と反応して起きた水素爆発と考えられている．

福島第一原子力発電所は沸騰水型炉と呼ばれ，核反応の熱によって周りの水を約280℃で沸騰させ，タービンを回して発電する．地震後，原子炉は自動停止して核反応は止まったが，燃料棒は放射線を出して発熱し続けていた．停電になって冷却系統が機能しなくなったため，1，2，3号機において水位が下がり，通常は水に覆われているはずの燃料棒と，ジルコニウム金属の合金でできている被覆管がむき出し状態で高温(1,000℃以上)になった．このジルコニウムは，高温になると周囲の水蒸気と激しく反応し，

$$\mathrm{Zr} + 2\,\mathrm{H_2O} \rightarrow \mathrm{ZrO_2} + 2\,\mathrm{H_2} \qquad (12)$$

の反応によって水素が発生する．水素は水素配管や容器等の破損箇所を通って原子炉を覆う建屋に漏れ出し，溜まっていたと考えられる．その水素と建屋内に入ってきた酸素が混ざった結果，水素爆発が起きた．一方，2号機では水素爆発が起きていない．これは，2号機の建屋内で気体の圧力が上昇した結果，建屋の一部が破損して水素が建屋外に拡散したためと考えられる．このように，水素爆発が起こるためには水素が溜まる必要がある．逆に水素が溜まらないような条件にすれば，水素爆発は起こらないと言える．

日本では，天然ガスが主流になる前の昭和20年代から40年代にかけて，都市ガスに水素と一酸化炭素の混合ガスが使われていた．一般家庭で，毎日の暮らしの調理や風呂焚きに水素が使われていたのである．水素は，燃えなければ大気中に拡散するだけだし，溜まるような条件でなければ，燃え広がることはない．水素は，一般に使われているガソリンや天然ガス等と同様，誤った使い方をすれば危険だが，正しく使えば安全なエネルギーである．

まとめ　水素爆発は，水素が空気中の酸素と化合する水蒸気生成反応が大きな反応熱を発生することが一つの要因である．水素は，空気に4～75％混ざった時，機械的な衝撃や静電気等のエネルギーが加わると着火する．しかし，密閉した構造等の水素が溜まるような条件でなければ水素爆発は起こらない．福島第一原発の事故における水素爆発は，原子炉建屋が放射能を外部に漏らさないため密閉した構造であったことが原因の一つである．水素は誤った使い方をすれば危険だが，正しく使えば安全なエネルギーである．

‥ 66話　鉄は燃える？ ‥

大きい鉄の塊を見ると，鉄は燃えるはずがないと思う人が多いであろう．燃焼とは，(光と)熱を伴う酸化反応である．燃焼が進むには，可燃性物質，酸素，温度(火源)の3つの要素が必要である．鉄は可燃性物質と言えるであろうか．

一般に鉄を可燃性物質とは言わないが，条件によっては鉄も燃えることがある．鉄という金属は，人が人工的に高温でコークス(C)を用いて鉄鉱石(酸化鉄)を無理やり還元して作ったものである．自然の状態では，水や空気が存在するので鉄は必ず酸化されてしまう．しかし，通常の条件では酸化速度が遅いので，鉄は表面が錆びるだけである．この場合，鉄の表面だけ酸化される．

ところが，直径0.01～0.02 mm程度のスチールウールにして着火すると燃える．スチールウールは，ペイントの剥離，金属の研磨，錆落とし，家具や木工品の研磨・仕上げ，石材や床の研磨等に使われている．

スチールウールの細線の束を潰さず，空気がよく通るようにほぐして着火すると，赤く輝いて細線に沿って光が伸びていく．これは，

$$2\,Fe + (3/2)O_2 \rightarrow Fe_2O_3 \qquad (13)$$

で示される鉄の酸化反応である．発生した反応熱によって鉄の細線の温度が上がる．熱伝導率の大きい鉄によって熱が運ばれ，付近の鉄の細線の温度が上がり，反応がどんどん進行して光と熱を伴う酸化反応が継続する．

ところが，スチールウールの燃焼実験の反応式として式(13)が必ずしも正しいとは言えない．その理由は，式(13)の反応が継続するためには，生成したFe_2O_3の中を酸素が十分な速度で拡散する必要があるが，その速度が非常に遅い．一方，鉄を空気中1,000 ℃程度の条件に置くと，酸化が進行し，表面から順にFe_2O_3／Fe_3O_4／FeO／Fe と層状に酸化物が生成することが確かめられている．スチールウールの燃焼反応でも，同じように酸化物中の酸素の補給速度が遅く，酸化物が層状になり，細線の中心付近には未反応の鉄が残っているものと考えられる．燃焼後のスチールウールの色がFe_2O_3の赤色ではなく黒ずんで見えるのは，Fe_2O_3の層がかなり薄く，Fe_3O_4の色の影響を受けたためと考えらる．さらに，燃焼前のスチールウールを0.5 gくらい取って重量を0.1 mg単位まで秤量し，バーナでスチールウールが飛び散らないように十分に燃焼させた後，スチールウールの重量増から酸化物の平均組成が計算できる．その結果は実験によってかなりばらつきがでる

が，O/Fe の比が 0.9 ～ 1.1 になる．反応生成物が Fe_2O_3 であれば，O/Fe の比は 1.5 であるから，スチールウール内部では酸化物がいろいろな酸化物の形で存在して層状になっていると考えた方が自然である．**図 41** に燃えたスチールウールの断面の拡大図を示す．

使い捨てカイロは，光は出ないが，ゆっくりと起こる燃焼(酸化)反応を利用したものと言ってもよい．これは，鉄粉が酸化する時に発熱する現象を利用している．この場合，鉄は酸素との接触面積を増やすために細かい粉にしてある．使い捨てカイロに含まれる活性炭は酸素を多く吸着するためで，食塩水は反応を速くするためである．鉄粉，活性炭等・食塩水，酸素の 3 つが結び付く時に発熱する．この時生成する化合物は，水酸化第二鉄[$Fe(OH)_3$]である．最近の貼るタイプの使い捨てカイロでは，製造時点で内容物の鉄粉と活性炭等・食塩水が混合済で固定されて出荷されているので，利用時には開封して酸化させるだけで発熱が開始する．

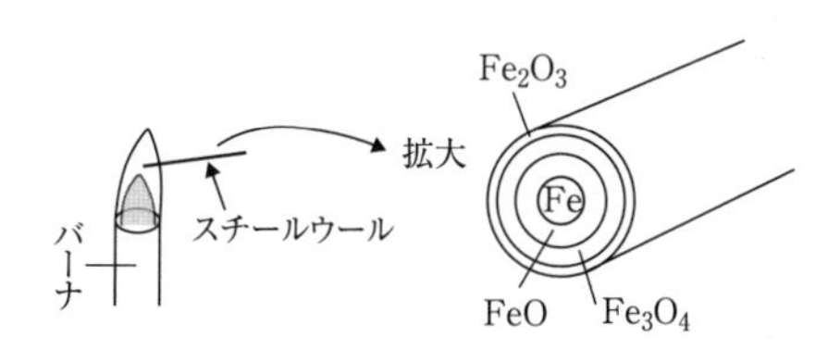

図 41　燃えたスチールウールの断面の拡大図

> **まとめ**　鉄は，通常の条件では表面が錆びるだけだが，直径 0.01 mm 程度のスチールウールに着火すると燃える．スチールウールの細線を空気がよく通るようにして着火すると，酸化反応によって発生する熱によって温度が上がり，熱伝導率の大きい鉄の細線に沿って熱が伝わって反応が継続し，赤く輝いた光が伸びていく．使い捨てカイロでは光は出ないが，ゆっくりと起こる鉄粉の燃焼を利用したものである．カイロは，酸化反応が起こりやすいように酸素との接触面積を増やすために鉄を細かい粉にしてある．

‥　67話　火事で煙に巻かれるとなぜ危険？　‥

火災の発生時には，煙に巻かれ，有毒ガスによって生命を落とすこともある．耐火建物のビルでも，天井，壁，間仕切り等の内装材には可燃物が多く使われ，室内にも家具，寝具等の可燃物が多量にある．これらが燃え出すと，酸素の供給が悪いことから，多量の煙が発生する．特に新建材，プラスチック製品は，木材に比べて10～20倍の煙が発生すると言われている．発生した 煙には，一酸化炭素や二酸化炭素を含め有毒ガスが多く含まれている．これらの有毒性に加え，燃焼に伴う酸素不足，高熱状態，煙による視界障害等により判断力が低下し，混乱している間に中毒や窒息が生じ，死に至ることがある．

二酸化炭素は，通常，空気中に約0.035％存在する無色，無臭の，空気より重い気体である．ものの燃焼により二酸化炭素濃度は増加していく．空気中の二酸化炭素濃度が3％で呼吸困難になり，頭痛，吐き気がして血圧脈拍が上がり，10％以上で視力障害が起き，痙攣し，意識喪失し，25％で中枢神経が侵され死に至るというデータがある．

酸素は，通常，空気中に約21％含まれている無色，無臭の気体である．火災等により空気中の酸素が欠乏し，空気中の酸素濃度が18％未満である状態を酸素欠乏と言う．それによる症状が酸素欠乏症である．その症状は，空気中の酸素濃度に応じ16～13％で頭痛やめまい，14～10％で嘔吐や呼吸困難，11～7％で意識喪失や痙攣，9～5％で昏睡，呼吸停止すると言われている．

2001年9月1日深夜，新宿区歌舞伎町の雑居ビルで発生した火災は，地下2階，地上5階建て，延べ面積が500 m^2 程度の小規模な建物からの出火にもかかわらず，44人の生命を失う大惨事となった．死者の多くは一酸化炭素中毒によるものと言われている．このように，火災による死者の大半は，火炎に包まれ火傷ではなく，煙を吸い込み一酸化炭素中毒等で死亡することが多い．

一酸化炭素は，無色，無臭の気体で，不完全燃焼が起こると発生するため，火災では必ず発生する最も危険なガスである．体内に酸素を運ぶ役割を果たす血液中のヘモグロビンは，一酸化炭素との結合力が酸素より200～300倍も高い．一酸化炭素を吸い込むと，酸素より先に一酸化炭素がヘモグロビンと結合してしまうため，血液の酸素運搬能力が低下し，その濃度や呼吸時間に応じて様々な中毒症状が現れる． 軽い中毒症状は頭痛，めまい，吐き気等，風邪の症状に似ているが，手足がしびれて動かなくなることがある．空気中の濃度が0.32 %では，5～10分で頭痛，めまいがして30分で死亡，1.28 %では1～3分で死亡するというデータもある．特に，高濃度の一酸化炭素を吸った場合，自覚症状を覚えることなく急速に昏睡状態に至り，呼吸や心機能が抑制され死に至るので注意が必要である．

煙の速さは，火の広がる速さよりも断然速く，一般に水平方向では毎秒0.3～0.8 m，垂直方向では毎秒3～5 mと言われている．人の階段での上下歩行速度は，通常，毎秒0.5 m程度と言われているので数倍速いことになる．煙は，火災で熱せられて軽くなり，まず上昇する．上昇して天井に当たると横方向に広がっていき，煙の量が増えると床近くまで下がってくる．煙が廊下等の水平方向に拡散する場合，火元から遠ざかるにつれて冷却され，煙が下降し，視界を遮るようになる．

煙には有毒な成分が含まれており，中毒を起こしたり，熱せられている煙を吸い込むことで肺が熱傷を受け，呼吸困難になるなどの身体的影響がある．さらに，煙の中に入ると，視界が遮られ心理的に不安になり，火災に直面した恐怖心が生じ，精神的にパニックに陥ることもある．一般的に天井に火が燃え移ってしまったら，消火器等による初期消火は困難と言われる．服装や持ち物にこだわらず，できるだけ早く避難すべきである．

煙から身を守るには，短い距離であれば息を止めて一気に走り抜ける，姿勢を低くして濡れタオルやハンカチで口と鼻を覆って煙を吸わないように避難する，廊下や室内では壁伝いに低く床を這うように避難する，ポリ袋等があれば，空気を入れてかぶってから避難する，階段では段と段の間のくぼみに顔をうずめるようにして這った姿勢で足から降りるなどの対応が望ましい．避難した後に残した家族のことを考え，再び中に入り死亡することがある．一度避難したら再び中に戻るべきではない．

まとめ　火事で煙に巻かれると，一酸化炭素，二酸化炭素等を含めた有毒ガスに加え，燃焼に伴う酸素不足，高熱，煙による視界障害等が発生し，中毒や窒息が生じる．一酸化炭素は，ヘモグロビンとの結合力が酸素より200～300倍も高く，酸素より先に一酸化炭素がヘモグロビンと結合し，血液の酸素運搬能力が低下してしまうため，中毒症状が現れて死に至ることがある．天井に火が燃え移ったら，消火器等による初期消火は困難であり，服装や持ち物にこだわることなくできるだけ早く避難すべきである．

第 11 章　空気の圧力

‥　68 話　どうしたら空気の静止圧力を感じることができる？　‥

私たちは 1 気圧の空気に取り囲まれて生活している．しかし，空気が動いていない状態では空気の圧力を感じることはあまりない．

空気が動いていれば，空気の圧力を感じる．風が吹けば爽やかに感じるし，風が強くなれば歩きづらくなる．台風では大きな気圧差が生じ，気圧が低い中心部分に周囲から風が吹き込む．私たちは 1,013 hPa（1 気圧）の下で生活しているが，例えば 913 hPa の台風が来ると，中心付近と離れた所との間に 100 hPa の気圧差が生じる．このような条件では，秒速 70 m の風が吹くこともある．また，竜巻が起これば局所的に大きな気圧差が生じ，秒速 100 m を超える風が吹くこともある．車が紙のように飛んでいくこともある．

空気が動いていれば，空気の圧力を感じるのは確かだが，空気が動いていない状態で空気の圧力を感じる方法はないものであろうか．

静止圧力を感じる実験に，水蒸気圧の温度変化を利用したものがある．アルミ缶に水を 2 ～ 3 割入れた状態で，その時の室温を 20 ℃とする．アルミ缶の内部の気体は大部分が空気で，一部水蒸気（水蒸気圧 25 hPa）がある．その後，アルミ缶を加熱すると，温度が上がるので水蒸気圧が大きくなり，その分空気が外部に逃げていく．やがて，水温が 100 ℃になると沸騰し始め，水蒸気圧が 1 気圧（1,013 hPa）になる．その状態では空気がすべて外部に逃げ，缶内部には残っていない．その状態で缶の穴をガムテープ等で塞ぐと，缶内部は水蒸気だけである．缶の外部と内部の圧力は，外部は空気 1,013 hPa，内部は水蒸気 1,013 hPa で釣り合っている．

この状態の缶を水で冷やすか，室温で放置して 20 ℃になったとする．そうすると缶はどうなるのであろうか．

缶には外側から空気の圧力が 1,013 hPa 掛かっている．一方，内側には 20 ℃での水蒸気圧が 25 hPa あるだけである．つまり，その差圧 988 hPa が缶の表面に働くことになる．その時，缶の内部は水蒸気圧が 25 hPa あるだけで，1,013 hPa あった水蒸気の大部分は液体の水となって缶の底にあるはずである．

図 42 に空気圧によって潰れた 350 mL のアルミ缶の写真を示す．缶の上下は強度が強いので潰れないが，側面は強度が弱いうえに表面積が大きいため，相対的に大きな圧力を受ける．アルミ缶上下の円の直径が 6.5 cm，側面の高さが 10 cm であるから，側面の表面積は 3.14 × 6.5 × 10 で，204 cm^2 となる．よって，側面に掛

かる力は，圧力の単位 Pa が N/m^2 であるので，$988 \times 100\ N/m^2 \times (204/10{,}000)\ m^2 = 2{,}016\ N$ となる．この計算の途中 $100\ N/m^2$ としているのは，hPa の h は 100 だからである．1 N は(1/9.8) kgf であるから，換算すると 206 kgf の力が缶の側面に掛かっていることになる．もちろん，ガムテープのシールに漏れがあると，この力が小さくなる．

アルミ缶が小さいのでそれほど迫力のある実験ではないが，大きな鉄製のドラム缶では数 10 t もの力が掛かることになり，すごい音をたてて潰れる．

図 42　空気圧によって潰れたアルミ缶

まとめ　動いている空気の圧力は，強い風に向かって歩くと感じられるが，静止空気の圧力を感じる機会は少ない．アルミニウム缶に水を 2 割ほど入れて加熱し，水が沸騰したところでガムテープ等により穴を塞いで冷却すると，缶が潰れる．缶の内部は，初めは空気が大部分だが，水が沸騰すると水蒸気圧が 1 気圧になる．その状態で缶の穴を塞ぐと，缶の外部は空気 1 気圧 (1,013 hPa)，内部は水蒸気 1 気圧で釣り合っている．缶を 20 ℃の水で冷やすと，内側の水蒸気圧は 25 hPa となり，内外の差圧 988 hPa が缶の表面に働き，潰れる．

‥　69話　空気圧はどのように使われている？　‥

人類が空気圧を生活の中に応用したのは，かなり早い時期だったと考えられている．先祖が「吹き矢」を飛び道具として狩猟に使ったが最初の例ではないかと言われている．人の肺をコンプレッサ代わりに獲物めがけて毒矢を放つ吹き矢は，重要な空気圧機器であったに違いない．また，脱穀した穀物から籾殻を分けるための「ふいご」は空気圧機器である．ふいごは手軽に火種を作ることはできなかった時代，空気を送って燃え上がらせる道具としても貴重な働きをした．

空気圧は大気をコンプレッサによって加圧，圧縮し，その圧力や膨張力をエネルギー源として機器を動かす．往復運動するピストン，回転運動するモータ，空気の流体としての運動を利用した粉体輸送システム，さらには圧縮空気によって汚れを吹き飛ばす清掃機器等に用いられる．

空圧は，油圧と同様に流体の力を利用するが，油圧と比べ低い圧力で使用される．油圧が高負荷，高圧，重装備であるのに対し，空圧は低負荷，低圧，簡便な設備で，かつ火災の心配が少ない安全な方式である．大部分の工業用空圧機器は，0.5 ～ 0.7 MPa（5 ～ 7 気圧）で作動する．油圧では，7 ～ 35 MPa（70 ～ 350 気圧）で、時には 70 MPa を超える用途もある．

空圧装置は，圧力源，空気清浄化機器，潤滑装置，制御機，アクチュエータ（空圧作動機器）よりなる．圧力源は，電気モータによるコンプレッサ，圧縮された空気の温度を下げるアフタークーラ，エアタンクよりなる．アフタークーラは，圧縮によって高温になった空気を冷却する．エアタンク中では水分が凝縮して溜まるため，底にドレイン弁があり，自動的または手動により定期的に排出される．

空気清浄化機器にはエアドライヤとエアフィルタがある．エアドライヤは，圧縮空気を露点以下に冷却して空中の水分を結露させ，乾燥空気を作る．結露した水は自動的に排出される．エアフィルタは，水以外のほこり等を除去するが，定期的な清掃が必要である．エアフィルタは，空気配管中の各所に設置される．

潤滑装置は，アクチュエータに必要な潤滑油を空気中に細かい粒状にして混入させる装置で，アクチュエータの直前に設置される．

制御機は，圧力や空気の方向や流量を調整する制御弁からなる．アクチュエータは，圧縮空気のエネルギーを利用して、往復運動（空圧シリンダ）、回転運動（空圧モータやタービン類），粉体輸送等の作業を行う．

空圧の長所は，動力源がコンプレッサで設備が安価で使いやすい，圧縮空気タンク等でエネルギーの貯蔵が容易に実現できる，装置の速度は流量調整弁，装置の出力は圧力調整弁で容易に調整でき，流体の粘度が低いため高速運転が可能，流体が空気なので，漏れても周囲を汚染する心配がなく，火災の危険性がほとんどないことがある．

短所は，高負荷が求められる場合には不向き，微妙な速度制御や同期運転が困難，油圧に比べ漏れが大きい，圧縮空気から取り除かれた水分を定期的にドレイン抜きする必要がある点である．

空圧は，様々な形態で用いらる．歯科では，同じ出力の電気ドリルに比べ空圧ドリルの方が軽く，速くシンプルになる．空圧による移送システムは，多くの工業で粉体やデバイスを移動させるのに用いられている．空送チューブは，物体を長い距離移動させることができる．空圧機器は，爆発性の粉塵やガスが存在しうる地下深い鉱山のように，安全上の理由で電気モータが使えない所にも用いられる．アクチュエータとしては，ダイヤフラムポンプ，道路工事で用いられる空圧ドリル，空圧釘打機，空圧スイッチ，バス，列車，トラック等で使われる空気ブレーキ等がある．

よく用いられる空圧装置としては，空圧操作ソレノイド弁，空圧バルブ，空圧スイッチ，空圧流量コントロール等がある．

まとめ　空圧は，大気をコンプレッサによって加圧，圧縮し，その圧力や膨張力をエネルギー源として機器を動かす装置群である．往復運動するピストン，回転運動するモータ，空気の流体としての運動を利用した粉体輸送システム，さらには圧縮空気によって汚れを吹き飛ばす清掃等に用いられる．空圧ドリル，空送チューブ，ダイヤフラムポンプ，空圧ドリル，空圧釘打機，空圧スイッチ，空気ブレーキ，空圧バルブ，空圧スイッチ，空圧流量コントロール等に使われる．

‥ 70話　電車の空気ブレーキはどのように作動する？ ‥

電車のブレーキには，空気ブレーキ，電気ブレーキ，その他ブレーキの3種類ある．そのうち，空気ブレーキが電車や気動車の基本のブレーキとなるため，基礎ブレーキと呼ばれている．最近の電車は電気ブレーキでほとんど止めてしまうため，空気ブレーキの存在は薄くなりつつあるが，電気ブレーキは「速度を落とすブレーキ」で，「動かないように止めておくブレーキ」ではないので，空気ブレーキまたはその他の電磁吸着ブレーキ等は必須となっている．

自動空気ブレーキは，鉄道の編成各車に連なる貫通ブレーキとしてブレーキ管を用いる空気圧指令式のブレーキ方式である．無電源で制御可能で，列車分離時に編成各車に自動的にブレーキが掛かることから，「自動空気ブレーキ」と命名された．それまでの編成指令用の空気ブレーキは，直通空気ブレーキ等であった．直通ブレーキには，ブレーキ管の損傷や外れ，列車分離が起こってブレーキ管から空気が抜けた場合に車輪のブレーキ力も抜け，ブレーキが効かなくなるという欠点がある．自動空気ブレーキは安全性の高い方式で，世界の鉄道の客貨車や電車の常用ブレーキとして最も広く普及している標準的なブレーキ方式である．現在，常用ブレーキとしては使われなくなった日本の電車でも，非常ブレーキにはこの自動空気ブレーキの原理が用いられているものもある．**図43**に自動空気ブレーキの原理を示す．

このブレーキ方式の最大の特徴は，その制御に指令圧力が低くなると，逆に制御圧力が高くなるブレーキ制御弁(制御弁)を用いる点にある．指令圧力としてブ

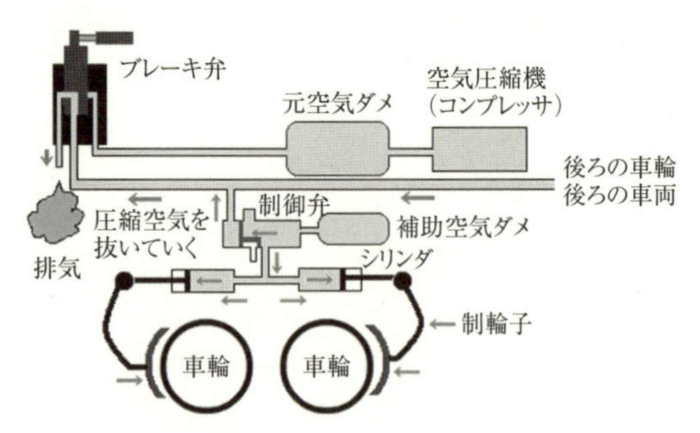

図43　自動空気ブレーキのブレーキ時の動作［出典：http://www.tawatawa.com.denshanani.page005html, 2015.12.3 アクセス］

レーキ管に圧縮空気(490 kPa ≒ 5 kgf/cm²)を常時加圧している．直通空気ブレーキは，ブレーキ位置にすると元空気溜めの空気がシリンダに送られるが，自動空気ブレーキの動作は逆で，ブレーキ位置にすると，ブレーキ管の圧縮空気が排気され，ブレーキ管内の空気圧が下がる．そうすると，制御弁内のピストンが補助空気溜めの空気圧でスライドし，補助空気溜めの空気がシリンダに送られる．そして，シリンダ内のピストンが押されると，それに接続された制輪子も押されて車輪を止める．

ブレーキ作用としては，常用ブレーキの無駄時間短縮用に急ブレーキ作用，非常ブレーキ用に急動作用がある．この方式では，指令に用いるブレーキ管を通じて常時空気圧を各車の制御弁へ供給し，各車両に設置された補助空気溜め(常用ブレーキ用)および付加空気溜め(非常ブレーキ用)と呼ばれる空気タンクに蓄圧し，これをブレーキシリンダ駆動の動力源として用いている．つまり，制御・指令系統空気配管1系統で動力供給源も兼ね，さらに常時加圧していることで圧力低下を列車分離等の非常時の検出に用いている．万が一，連結器が外れ，ブレーキ管も外れた場合，ブレーキ管内の圧縮空気が排気され，補助空気溜めの空気がシリンダに送られて外れた車両にもブレーキが掛かり，安全性は高い．ただ，後ろの車両にいくほどブレーキの応答性が悪いのと，ブレーキ操作が難しい欠点がある．

ま と め　電車のブレーキは，空気ブレーキ，電気ブレーキ，その他ブレーキの3種類があり，空気ブレーキが電車の基礎ブレーキである．自動空気ブレーキは，安全性の高い方式で，広く普及している．その動作は，ブレーキ位置にすると，ブレーキ管の圧縮空気が排気されブレーキ管内の空気圧が下がり，制御弁内のピストンが補助空気溜めの空気圧でスライドして補助空気溜めの空気がシリンダに送られ，シリンダ内のピストンが押され，それに接続された制輪子が押されて車輪を止める．

‥　71話　自動車タイヤの空気圧はどんな役割を果たしている？　‥

車の走行では，路面に接するのはタイヤだけである．回転するタイヤは，車両の重量を支え，エンジン，ブレーキのパワーを路面に伝えなくてはならない．また，車の走る方向を変えたり，維持したりするためのハンドル操作を実際に路面に伝えるのもタイヤの役目である．そして，路面の凸凹から来る衝撃を空気圧とゴムの弾性によって吸収し，クッションの役割を果たすのがタイヤで，快適な乗り心地に一役買っている．

タイヤの構造は**図44**に示すように，トレッド，ショルダ，サイドウォール，ビードに大別され，ゴム層，ベルト，カーカス，ビードワイヤ等の部材で構成されている．トレッドはタイヤの外皮で，表面にはトレッドパタンが刻み込まれていて，濡れた路面で水を排除したり，駆動力，制動力が作用した際のスリップを防止したりする．リブと呼ばれる走行方向に沿った縦溝は，高速走行等に適し，ラグと呼ばれる横溝は，重量荷物を運ぶトラックに適している．トレッドは路面と直接接するゴム部分で，高い破壊強度，耐屈曲性，耐発熱性，耐摩耗性等が要求される．サイドウォールは走行する際に最も屈曲の激しい部分で，カーカスを保護する役目を持つ．タイヤサイズ，メーカー名，パターン名等が表示されている．ビードはカーカスコードの両端を固定し，同時にタイヤをリムに固定させる役目を負っている．ベルトはラジアル構造のトレッドとカーカスの間に円周方向に張られた補強帯である．カーカスを桶のたがのように強く締め付け，トレッドの剛性を高めている．主にスチールコードを使用している．カーカスはタイヤの骨格を形成するコード層で，タイヤの受ける荷重，衝撃，充填空気圧に耐える役割を持っている．タイヤの種類，サイズ等によりポリエステル，ナイロン，レーヨンコードを使用している．

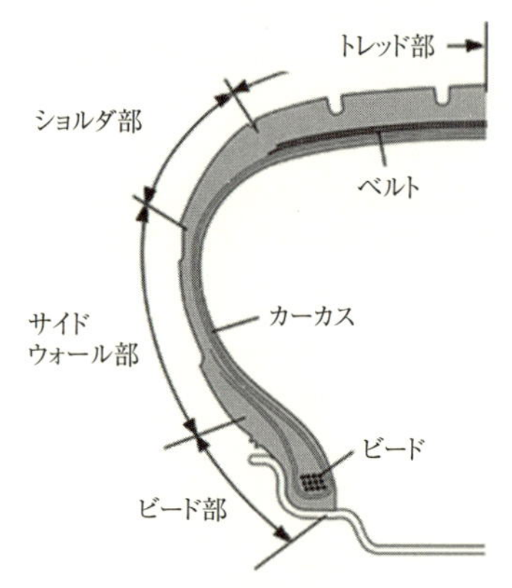

図44　タイヤの構造［出典：http://tire.bridgestone.co.jp/about/maintenance/first-step/02.html，2015.12.3 アクセス］

歴史的には，ゴム製のタイヤが登場した当初，ソリッドゴム（ゴムの塊）を使っていた．ゴツゴツして乗り心地が悪く，操縦安定性も悪いものであった．タイヤに空気を入れることによって乗り心地や操縦安定性が格段に改善された．風船に空気を入れて外から押すと引っ込むが，放すと元通りになる．これは空気が弾性を持っているからである．タイヤでも，空気圧は，それによるクッションの役割とともに，乗り心地やタイヤの性能を発揮するのに大変重要である．空気圧は高すぎても低すぎてもいけない．空気圧不足は発熱による損傷や偏摩耗，空気圧過多はセンター摩耗や損傷を受けやすくなるなど，タイヤ損傷の原因となる．空気圧不足は，燃費が悪くなる問題点もある．空気圧は月１回を目安に点検し，車にあった最適な空気圧を維持することが必要である．

タイヤの溝には，タイヤと路面の間に入り込んだ水を排出する役割がある．タイヤと路面の間の水を溝が排出することで，スリップせずに安全に走行できる．この溝が浅くなると，排水機能が低下し，グリップ力等が著しく低下してスリップしやすくなる．高速走行時には，摩耗したタイヤほどハイドロプレーニングという危険な現象が発生しやすくなる．ハイドロプレーニングは，水の溜まった路面等を高速で走行中に，タイヤと路面の間に水が入り込み，車が水の上を滑るようになり，ハンドルやブレーキが利かなくなる現象である．

まとめ　車が走行する時，路面に接しているのはタイヤだけである．タイヤは車両の重量を支えながら，エンジン，ブレーキのパワー，ハンドル操作を路面に伝える．タイヤ内の空気圧は，車の操縦安定性を増し，路面の凸凹から来る衝撃を吸収するクッションの役割を果たしている．空気圧不足は，発熱による損傷，偏摩耗や燃費の悪化，空気圧過多はセンター摩耗や傷を受けやすくなるなど，タイヤ損傷の原因となる．タイヤの適正な空気圧の維持が安定走行および乗り心地の上から必要である．

‥ 72話　高山病になるのはなぜ？ ‥

富士山頂3,776 mでは，気圧は約630 hPaである．エベレスト山8,850 mでは，気圧は300 hPaぐらいになる．平地で暮らしている場所での気圧は1,013 hPa（1気圧）で，高い山では空気は薄くなる．

2,400 m以上の高山では，標高が高くなるにつれて気圧が下がって酸欠の状態になり，血中酸素濃度が低下することによって身体に様々な変調を来す．初期段階は，頭痛，吐き気，めまい，食欲不振，手足のむくみ，脈拍が速くなるなど風邪のような症状が現れる．二日酔いの症状に似ているので山酔いとも呼ばれる．症状が出た場合は，無理をしないでしばらく休憩し，それでも状況が改善されない場合は下山した方が良さそうである．低酸素状態において数時間で発症し，普通は1日から数日後には自然消失する．しかし，重症の場合は，高地脳浮腫や高地肺水腫を起こし，死に至ることもある．

オーバーペースで行動すると，ただでさえ薄い血中の酸素をさらに消費することになり，苦しくなるのは当然である．高山病にならないようにするためには，酸素をできるだけ取り込むことが必要である．そのためには，腹式呼吸を心掛け，普通に吐ききってから，さらに口をとがらせてフーフーと吹くことで大量に空気を吸い込むことができる．また，なるべく酸素を消費しないようにゆっくりしたペースで行動するのが大切である．富士山登山の場合，五合目で2,300 mの高さであるので，この高度でゆっくり行動すると，身体の機能が順応する効果もある．

高山病になりやすいかどうかは，酸素摂取能力が影響している．酸素摂取能力が高ければ，薄い空気の中でも酸素を効率よく取り込めるので，酸欠になりにくい．運動選手が高地トレーニングをするのは，より多くの酸素を効率よく取り入れ，より多くの血液を全身に送り出そうとして新陳代謝が活発になり，呼吸循環の機能が鍛えられるからである．低酸素状態で運動をすると，より多くの心肺負荷を掛けることになり，心肺機能が強くなる．したがって，筋肉，関節等に無理な負担を強いることなく，心肺機能を鍛錬することができる．

酸素摂取能力の個人差は，肺機能の他に，血中ヘモグロビン量が要因の一つとなっている．ヘモグロビンが少ないと，貧血気味になり，身体の隅々に酸素を運びにくくなる．普段から貧血気味の人は，平地でさえ十分に酸素を体内に取り込めていないので，富士山に登ればさらに苦しくなるのは必然である．高山病になりやすい人は，鉄分不足で，ヘモグロビンが少なくなっている人が多いそうである．

高山では気圧が低く，水の沸騰温度も低くなる．平地の水の沸騰温度は100℃だが，富士山頂では約88℃，エベレスト山では約70℃になる．高地で水を含むものを煮炊きしても，その高さの沸騰温度以上にはならない．富士山頂で通常のように米を炊くと，約88℃という早い段階で沸騰が起こり，それ以上に温度は上がらない．無理に加熱を続けると，水がなくなって温度は上がるが，今度は表面が焦げてしまい，ふっくらとしたご飯にはならない．

米を炊いてふっくらと粘りのある状態になるのは，米の主要成分であるデンプンの結晶構造が水と熱の作用で解(ほど)けて膨張し，粘性の強い糊状になるためである．この状態を糊化と言う．糊化する前のデンプンをβデンプン，糊化したものをαデンプンと呼ぶ．βデンプンは水に溶けず，消化しにくいが，αデンプンになると，消化がよくなる．富士山頂で炊いたご飯は，熱が十分に加えられておらず，固く消化しにくいβデンプンがかなり残っている状態である．これは食べれたものではない．

圧力釜は，本体と蓋をぴったりと密着させ，空気を閉じ込めて加熱し，釜の中の圧力が約2気圧ぐらいまで高くなる．その時の沸騰温度は約120℃になる．このような高温で調理するため，どんなものでも早く火が通り，軟らかく仕上がる．もし，富士山頂で圧力釜が使えれば，周囲の気圧とは関係なく炊飯器内の圧力が高く保て，ふっくらとしたご飯になる．

まとめ　富士山頂は，気圧が約630 hPaと空気が薄い．高山では標高が高くなるにつれて気圧が下がって酸欠の状態になり，血中酸素濃度が低下して身体に変調が現れる．頭痛，吐き気，めまい，手足のむくみ等の症状が現れる．高山病を予防するには，腹式呼吸を心がけ，酸素を消費しないようにゆっくりしたペースで行動する必要がある．酸素摂取能力が高い人は酸欠になりにくく，高山病になりにくい．富士山頂では水の沸点は約88℃で，米を炊いた場合，温度が上がらずβでんぷんと呼ばれる固く消化しにくい成分がかなり残る．

第 12 章　音と空気

‥ 73話　太鼓を叩くとどうして音が出る？ ‥

太鼓を叩いたあとにその皮に手を当ててみると，皮が振動して音が出ているのを感じることができる．そして，皮が振動しないように押さえてから太鼓を叩くと，音はほとんど出ない．音が離れた所に伝わるのは，音を出しているものの振動が空気に伝わり，空気の振動となって私たちの耳に届くためである．太鼓の皮が振動している間，皮は周りの空気を押したり引いたりしている．皮が押すと，近くの空気は圧縮されてその密度が高くなる．皮が後ろに引くと，近くの空気は薄くなり，その密度が低くなる．空気の密度が濃くなったり薄くなったりして伝わっていく波を疎密波と言う．その疎密波が空気中を伝わり，これを音波と呼ぶ．もし，空気がなければ，音を伝えるものがなくなり，何も聞こえなくなる．

図45に音叉による空気の疎密波の様子を示す．音叉を変形させると，付近の空気が押されて圧縮して密度が大きくなり，反対の方向に変形すると空気が薄くなって密度が小さくなる．**図45**の下の方に示したのが空気の疎密波である．Bが音叉を変形させる前の位置，Aが空気の密度が最も高くなった位置，Cが空気の密度が最も低くなった位置で，空気の疎密波が正弦波の形になっている．この疎密波による音波が空気中を伝わって耳の鼓膜を振動させ，それを耳の神経が音の信号として脳に伝え音として認識する．

図45のような波形が上下に1回往復する間隔を周期，空気の振動の大きさ(A点)を振幅と呼ぶ．人は常に音に囲まれて暮らしているが，音には，高い音と低い音，大きな音と小さな音等の特徴がある．これらの音の特徴は，周期と振幅の組合

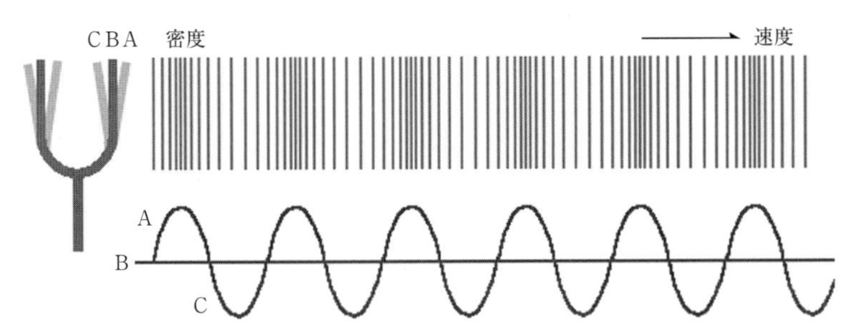

図45　音が発生した時の空気の疎密と波［出典：http://www8.plala.or.jp/airair/auditory/auditory_1.html, 2015.12.14 アクセス］

せで決まる．

音の強さは振幅の大きさで決まる．太鼓を強く叩くと，太鼓の皮が大きく変形して振幅が大きくなり，大きな音が出る．太鼓を弱く叩くと，小さな音が出る．

音程は1秒間における振動の回数で決まる．1秒間の振動が多ければ音は高くなり，振動が少なければ音は低くなる．1秒間に周期が何回あるかを周波数と呼び，Hzという単位で表す．1秒間に1周期ならば1 Hz，100周期ならば100 Hz，1,000周期ならば1,000 Hz（= 1 kHz），10,000周期ならば10 kHzとなる．個人差はあるが，人の耳で音として聞くことができる周波数の範囲は，20～20,000 Hz（20 kHz）とされている．大きい太鼓の皮の方が振動しにくく，周期が長くなるため低い音が出て，小さい太鼓の方が周期が短くなるため高い音が出る．

便宜的な区分として，20～600 Hzの帯域を低音域，800 Hz～2 kHzの帯域を中音域，4 kHz～20 kHzの帯域を高音域と呼ぶ．太鼓の音等は低音域である．楽器の調律には通常440 Hzが使われ，音叉も440 Hzの音波を出す．これは「ラ」の音階で，ラジオの時報にも使われている．中音域は，日常生活において人間が最も認識しやすい帯域である．高音域は，小鳥の鳴き声や，トライアングルのような金属音等である．人の耳は，高音域になるほど音が鳴っている方向を感じ取りやすく，低音域になるほど音が鳴っている方向を感じ取りにくくなる．クラクションのような注意を喚起するためのサイン音が高い音なのは，そういった理由からである．

ま と め　太鼓を叩くと，太鼓の皮が振動する．皮が振動すると，振動面の近くの空気は，圧縮する時は密度が高くなり，振動面の近くの空気が後に引く時は近くの空気が薄くなり，密度が低くなる．その空気の疎密の波が空気中を音波として伝わり，耳の鼓膜を振動させ，それを耳の神経が音の信号として脳に伝え，音として認識する．空気がないと音は伝わらない．音波の振幅は音の強さ，周波数は音の高さを表す．

74話　人はどのようにして音を聞き分けている？

音波は空気中を疎密波として伝わり，人の耳に達する．外耳道から鼓膜に伝わった音のエネルギーを3つの耳小骨(槌(つち)骨，砧(きぬた)骨，鐙(あぶみ)骨)で増幅し，内耳(カタツムリの形をした蝸牛(かぎゅう))に伝える．その結果、蝸牛のリンパ液に波動が生じ，蝸牛の基底板が振動して有毛細胞が興奮し，聴神経の蝸牛神経を振動させて聴覚伝導(延髄，脳幹，脳脚)から大脳皮質で知覚し，音や言葉として認識する．この音の伝達経路のどの部分に障害が起きても聞こえ方が悪くなる．

音や言葉は，音波の周波数，振幅，波形によって聞き分けている．周波数の低い音は低音，高い音は高音として聞こえる．男性の声は低音，女性の声は高音，人は音波の周波数で男女の声を聞き分けている．人の耳は，高音域になるほど音が鳴っている方向を感じ取りやすい．

音量は，音波の振幅の大きさで決まる．人の感覚では，小さい音の時は少しの音量差でも敏感に認識できるが，音が大きくなるに従って音量差を感じにくくなる．そこで，人の聴感特性に合わせた音量の単位の音圧レベルという指標が用いられる．その単位はdB(デシベル)と表記される．人が聞き取れる最小の音の大きさは0 dB，人が聞くに耐えられる最大の音の大きさは約120 dBくらいと言われている．人のささやき声は20 dB，人の小さな声は40 dB，通常会話は60 dB，時速80 kmで走る乗用車の音は80 dB，電車が通るガード下が100 dB，ロックコンサートが120 dB，ジェット機が近くを通る音は140 dBである．

人は，日常，様々な音を耳にし，それらが何の音なのか聞き分けることができる．これは，それぞれに音の波形，つまり音色があるからである．**図46**に様々な音の波形が示しているが，音によって波形に違いがあることがわかる．これは音の発生源の振動波形がもととなる波形(基本波)だけでなく，その2倍(第2高調波)，3倍(第3高調波)等の各高調波がどのような

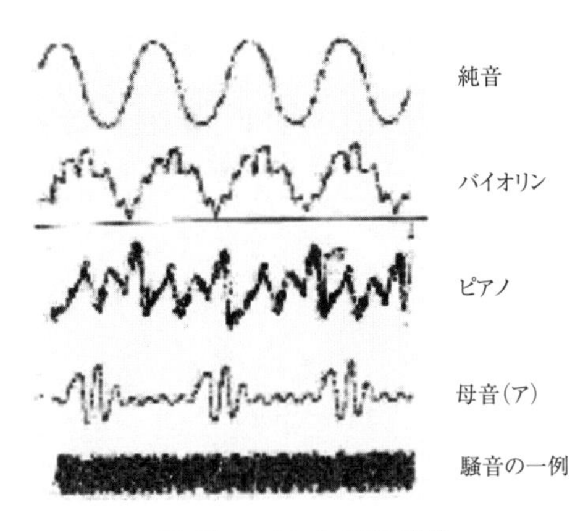

図46　いろいろな音の波形

割合で含まれているかにより固有の波形が作られているからである．弦楽器は弓の毛と弦の摩擦で音が出るが，弦の材質，太さ，長さ，駒，表板や裏板，中が空洞のボディ，右手による圧力と速さ等によって波形が決まる．人はこの波形の違いによる音色で音の種類を聞き分けている．音程，音量に音色を加えたものを音の三大要素と呼ぶ．

図 46 の一番上の純音はきれいな正弦波になっている．これは音叉や時報等が発する音波の形で，人はこれを無味乾燥な音と感じる．人はバイオリンの音とピアノの音を聞き分けることができるが，それはバイオリンとピアノの音波の波形が違うことを脳が覚えているからである．人は電話の声でも，誰の声か言い当てることができる．電話は，相手が送話器の前で発声し，その音波信号を電気信号に変換したものをさらに光信号に変換して光ファイバーで送り，光信号から再度電気信号，そして音波信号に変換したものを受話器から聞いている．人は相手の声の波形を覚えていて，音声の波形が何回も変換されていても基本的にはその形が変化しないため，記憶している波形と同じであると判断している．**図 46** の一番下に騒音の一例が出ているが，これはいろんな周波数の音が入り交じって人がもはや波形を認識できなくなっているので，こういう音を雑音または騒音として感じている．

ま と め　外耳道から鼓膜に伝わった音のエネルギーを耳小骨で増幅して内耳に伝える．内耳から伝わった音は，蝸牛，有毛細胞，聴神経を経て大脳皮質で知覚し，音や言葉として認識する．人は音波の周波数，振幅，波形によって音を聞き分けている．人が聞くことができる周波数の範囲は 20 ～ 20,000 Hz で，低周波ほど低い音，高周波ほど高い音と感じる．人が聞こえる音量の単位は dB が用いられ，最小音は 0 dB，最大の音の大きさは 120 dB くらいである．人は音波の波形を知覚していて，何の音であるかを認識している．

・・ 75話　糸電話でどうして話せる？ ・・

糸電話は，音声を糸の振動に変換して伝達し，再び音声に変換することによって離れた2点間で会話ができるように作られた玩具である．糸電話は音の実体が振動であることを示す目的で理科実験教材として使用されることがある．

紙コップ2つの底を1本の糸でつなぐだけで糸電話ができる．糸がピンと張るように適度な張力を掛けたうえで，片方の紙コップに向かって音声を発すると，もう一方の紙コップからその音声が聞こえてくる．これは，空気の振動である音声が紙コップの底を振動させ，その振動が糸に伝わり，一方の端で再び紙コップの底を振動させ，最終的に空気を振動させる．**図47**に糸電話の例を示す．

音は空気の疎密波として伝わり耳に届くが，空気以外にも様々な物質が音を伝える．糸電話の場合は糸である．空気中を伝わる音はだんだん弱くなるが，固体の物質は音を弱める度合いが少ない．空気の場合，空間にある分子の密度が小さいため振動は減衰しやすいが，固体の場合，分子が密に並んでいるため振動を伝えやすい．糸電話のポイントは，糸を張ってピンピンにしておくと，強く音を伝えてくれる．しかし，糸を途中でつまむと音は伝わらない．多摩川を挟んで，川崎 - 東京間で糸電話を使って話した例があるそうである．

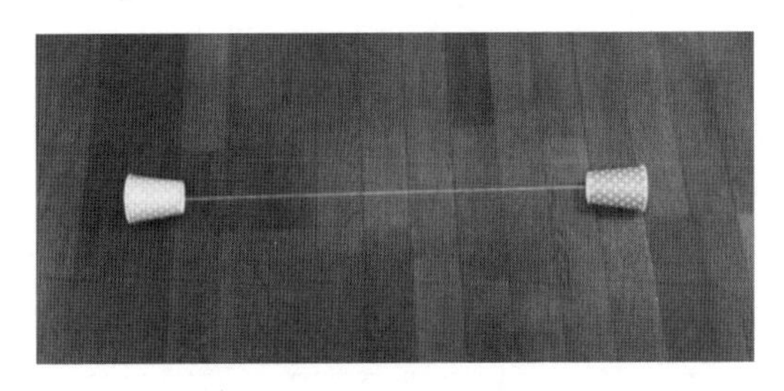

図47　糸電話［出典：http://note.chiebukuro.yahoo.co.jp/detail/n176596, 2015.12.3 アクセス］

糸電話の音質を決定するのは，主に紙コップ底の振動板の材質と糸の材質である．振動板は，薄く，軽く，しなやかで振動しやすいことと，張力を掛けた糸を支えるだけの強度を持つ必要がある．また，糸とコップ底の連結部分にガラスビーズを結んでおくと振動が伝わりやすい．糸の先端に爪楊枝を短く切ったものを結び，その爪楊枝をセロテープでコップ底を止める方法もある．糸は，軽くしなやかで振動の損失が少ないものがよく，絹糸やナイロン等が有効である．紙コップの筒の部分は，音声をまとめ，拡散しにくくする役割を持ち，口に当てやすい形状が求められる．

糸の代わりに別のものを使うと，聞こえ方が違ってくる．針金を使うと，声がより響いて聞こえる．針金を使った場合，長い距離でも声が届きやすくなり，ピンと張る必要もなくなる．針金はより原子が密に並んでいるため，振動を伝えやすいからである．らせん状に巻いたバネを使うと，エコーがかかったように聞こえる．これは，音の振動がらせん状に巻かれた付近の空気も振動させ，干渉するからである．細長い風船を使うと，振動している様子がよくわかる．細長い風船は曲げられるので，自分の声を聞くこともできる．糸電話の片方にスプーンを貼り付け，それを水面につけて話すと，振動が水面に伝わり，波紋が現れるのを見ることができる．

この糸電話を2つ作り，糸を交差させて4つ股にすると，4人同時に話をすることができる．この場合，糸電話が直接つながっていなくても，交差した糸の所を通して振動が伝わり，4人同時に話をすることができる．この場合も糸をピンと張るのが必須条件である．

最近，糸電話の原理を応用したオリジナル楽器が話題を集めている．絹糸の両端に紙コップを取り付けた非常にシンプルな楽器である．演奏者が手で擦ったり弾いたりして音を出し，演奏を行う．ピンと張られた絹糸は，1本ずつドレミファソラシドに調弦されている．1セット15～22本で，ソプラノ，アルト，ベースの3セットが基本となる．基本的に長調の音階にチューニングされているが，曲によってはこのセットに半音階のストリンググラフィーがプラスされることもある．糸の長さは一番短いもので約1m，長いものは約15mもある．会場自体を巨大な弦楽器のようにセッティングすることもあり，その場合，観客はその楽器の内部で演奏を聴くことになる．

まとめ　紙コップ2つの底を1本の糸でつなぐと，糸電話ができ上がる．糸をピンと張って片方の紙コップに向かって音声を発すると，もう片方の紙コップからそれが聞こえる．これは，音声が紙コップの底を振動させ，それが糸に伝わり，もう片方の紙コップの底を振動させて空気を振動させるためである．空気よりも糸の方が分子が密であるため，音がより減衰することなく伝わる．針金を使うと声がより響いて聞こえ，長い距離でも声が届きやすくなる．これは，原子がより密に並んでいるために振動を伝えやすいからである．

‥ 76話　人の声はどのように出る？ ‥

発声は，息の送り出し，声帯の振動，共鳴，言葉の形成という4つの過程で成り立っている．息を吸うと，肺が膨らみ，空気を溜め込む．膨らんだ肺が収縮することで息が送り出される．送り出された息が声帯を通過すると，声帯が振動して音になる．声帯は喉の中にある2本の帯で，普段息をしている時は開いており，声を出そうとすると閉じて振動する．声帯の振動音はブザーのような音で，体内にある空洞部分(共鳴腔)で反響し，口や舌の形を加えて初めて人の音声になる．主な共鳴腔は，**図48**に示すように，口の奥である咽頭腔，鼻の中にある空洞部分である鼻腔，口の中にある空洞部分である口腔である．共鳴腔で生じた音に口や舌の形を加えることで言葉が形成される．日本語の場合，子音と母音が合わさって作られる．子音は，「k・g，s・z，t・d，b・p，m・n」等である．舌，歯，唇，顎，鼻等を使って音が作られ，母音は「あ・い・う・え・お」で，口の形を変えて音が作られる．

実際の音声は，空気の振動で目に見えないが，マイクロホンを通して電気信号に変換するとオシロスコープ等により表示できる．音声の信号を解析すると，周期的である．この周期はピッチと呼ばれ，音の高さを表す．ピッチは男性5～10 ms，女性3～7 msで，女性の方がピッチは短く，高い音が出る．

声が出るためには，音源が必要である．母音の場合，この音源は声帯で作り出される．声帯は，喉頭の内部に粘膜で覆われ筋組織を持つ1対の襞(ひだ)でできている．両側の声帯間の間隙を声門と言い，肺から押し出される呼気が声帯を通過する．声帯は，2枚の襞を開閉することにより呼気を断続的に止め，その断続によって空気流が発生し，基本振動音が形成される．

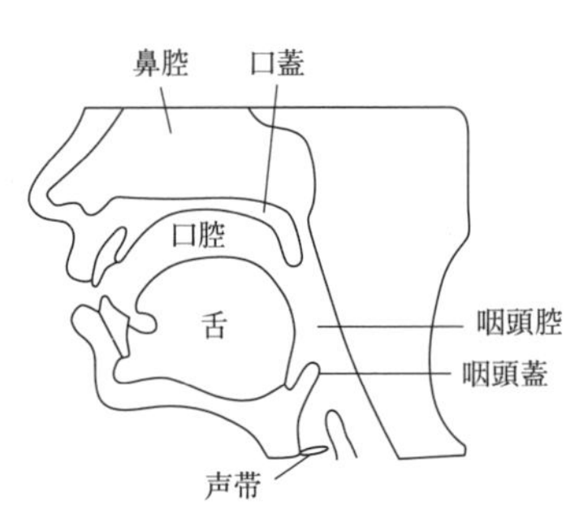

図48　人の声の共鳴腔の構造

母音の波形は，音源波が唇から放射されるまでに通過する声道(咽喉と口腔)の形によって作り出されている．音波が円筒管のような音響管を通過すると，ある周波数を持つ音波が強められ，ある周波数のは弱められる，という共鳴現象が生じる．その共鳴周波数は，音響管の形に依存する．声帯から唇までの声道を1つの音響管と考えると，共鳴現象が生じる．声道の長さは大人で17 cm程度で，いくつかの共鳴を起こす．これら声道の形は，舌や唇を使って変えられる．

一方，子音の場合，音源は声帯で作られるものだけではない．なぜなら，子音を発声している時，喉を指で触れても喉は振動していない．例えば，sでは舌の先を上の前歯の付根の近くにもっていき，そこに狭めて呼気を通過させると，空気流は乱気流になり，sの音源になる．狭めることによる乱流の音を摩擦音と呼ぶ．kの場合，発声する前に舌の腹の部分を軟口蓋と呼ばれる上顎に接触させ，いったん呼気を止め，呼気を一気に開放するとkの音になる．このように呼気をいったん止めて開放する時に出る音を破裂音と言う．破裂音は，摩擦音に比べると時間的に短い音だが，摩擦音と同様，含まれる周波数の範囲は広い．呼気を止める位置を調音点と言う．調音点が前歯の付根の歯茎にあるとtに，両唇にあるとpになる．

人は声を聞いただけで誰の声かわかる．それは，基本振動音を作り出す声帯とその振動音を声に変化させる声道の大きさや形が個人ごとに異なり，声も個人特有なものとなるからである．声をオシロスコープで分析すると，各人の違いを見ることができ，声紋を検出することができる．一般に，身長の高い人は声帯も声道も大きく，低い声となる．声紋を分析することで性別，顔形，身長，年齢等を特定することができ，個人認証や犯罪捜査に利用されている．

まとめ　発声は，息の送り出し，声帯の振動，共鳴，言葉の形成という過程で成り立っている．肺から息が送り出され声帯を通過すると，声帯が振動して基本振動音を出す．声帯の振動音が体内にある咽頭腔，鼻腔，口腔からなる声道で共鳴し，口や舌の形を加えることにより言葉が形成される．母音は音波が唇から放射されるまでに通過する咽喉と口腔の形によって，子音は摩擦音や破裂音等の両唇，歯，舌の協同作用で作り出される．基本振動音を作り出す声帯と声道の大きさや形は，個人ごとに異なるため，声も個人特有のものとなる．

・・　77話　楽器はどのように音を出している？　・・

楽器には，音の発生，音の増幅，音程調節の機能がある．楽器には様々な種類がある．管楽器も木管楽器，金管楽器に分かれ，木管楽器にはリコーダーやクラリネット，金管楽器にはトランペットやトロンボーンがある．また，ギター，バイオリン，ビオラ，琴，ピアノ等の弦楽器がある．ドラム，太鼓，トライアングルのような打楽器は，音の振動数が一定なので音程調節の機能はない．

楽器が音を発生するには，空気を振動させる必要があり，これには2種類の方法がある．一つは物体を振動させ，その振動を空気に伝える方法で，弦楽器や打楽器がこれに当たる．ギターのような弦楽器では，弦を振動させ，ドラムのような打楽器では，膜，板等を振動させている．もう一つが気流の乱れを作り，空気を直接振動させる方法である．金管楽器では，唇をマウスピースの前で振るわせ，その振動で空気を振動させて音を作る．また，木管楽器では薄い板(リード)のエッジに空気をぶつけて振動させ，音を出している．

ギターの場合，弦を指で弾いて振動させ，胴の中の空気を振動させて増幅する．ギターの裏と側面の板を硬い板にし，振動しないようにしておき，表板を軟らかい材料にしておく．弦で表板を振動させ，内部の空気が振動すると，空気がクッションとして働き一種のバネのようになる．胴の真ん中の穴の部分の空気が錘の役割を果たし，胴の空気バネにより振動し，音が増幅されている．主に低い音は穴から，高い音は表板から放射される．

フルートの音は頭部管から出る．リッププレートに唄口が開いている．この唄口の中央に唄口の下から3分の1を塞ぐような感じで下唇を当て，エッジに向かって微笑(ほほえ)むように息を出す．エアビームの吹き込みによって管の内圧が上昇し，これによってエアビームが押し返されると内圧が低下し，再びエアビームが引き込まれるという反復現象が発生し，これが振動源になる．このようにして発生した振動に対し，管の内部にある空気の柱が共振(共鳴)して音が出る．トーンホールを開閉すると，気柱の有効長が変わり，共振周波数が変化して音程を変えることができる．

バイオリンでは，松脂が塗られた弓の毛と弦の摩擦で音が発生する．音の大きさや音色は，右手による圧力と速さで変わってくる．ナットと駒の間に張った弦の太さ，重さ，張力によって弓の毛と弦の摩擦による振動数が決まる．弦を弾けば，その振動数の音が出るが，音の高さを変えるには，指板の上に弦を指で押さえ，弦の長さを変えて振動数を変えていく．その振動を駒を経由して表板，裏板に伝えるため，表板の縦方向にバスバーという木が，表板と裏板の間に魂柱という棒が立てられている．これらにより弦による振動がバイオリンの胴を振動させ，それが空気の振動となって遠くに届く音になる．魂柱の立てる位置や突っ張り加減等によって，バイオリンの音色，音量は微妙に変わってくる．

ピアノは，バイオリンやチェロと同じ弦楽器の仲間である．ピアノ内部のたくさん並んでいる弦を叩いて振動を起こし，音を鳴らす．鍵盤を叩くと，アクションと呼ばれる部分が動く．グランドピアノの場合，弦の下，つまり鍵盤の奥にあり，鍵盤を叩くとハンマーというアクションの一部分が跳ね上がり，弦を下から打つ．その衝撃で起きた振動が音として響くのである．弦の振動をさらに大きく，美しくする響板と呼ばれる部分がある．この働きによって澄んだ音や豊かな響きが生まれる．弦一本一本の振動は，駒が響板に伝える．音の強弱は，主に弦の振幅で変わる．鍵盤を強く叩くと，弦は大きく振動して音も大きく，優しく触れると音は小さくなる．音の高さは，弦の長さと太さが関係している．低い音になるほど長く，太くなっている．ピアノには，1つの音に対して複数の弦を張ってある音域があり，この複数の弦を引っ張る力には差がある．この差によって，音程にほんの少しずつ生まれたずれを持つ弦が同時にハンマーで打たれると，音に幅が出て，弦1本だけが振動するのに比べ，遥かに豊かな音色になるのである．これは他の弦楽器にない，ピアノならではの特徴である．

まとめ　多くの楽器には，音の発生，音の増幅，音程調節の機能がある．楽器には，振動を作り出す部位と共振によって音を大きくする部位が含まれている．振動を作り出す方法は，弦楽器は弦の指や弓での弾きや摩擦，管楽器は息の吹き込み，打楽器は膜，棒等での振動である．打楽器は音程調節の機能がない．弦楽器や管楽器の音程調節，共振による音の増幅は，楽器によりそれぞれの特徴があり，その楽器の音色等を決めている．

‥　78話　人の声はどのようにして録音，再生できる？　‥

人が話す声は，20 Hz ～ 20 kHz 程度の振動数を持った音波である．録音は，その音声を記録媒体に記録する．空気の疎密波を電気的，光学的または物理的な媒体に記録する．古くはアナログレコードによる物理構造への変換が行われていたが，物理接触を伴う媒体では磨耗が発生し，再生出力が小さい．そのため，電気的に増幅するようになり，次いで電気信号を磁気媒体に記録する方法へ，さらには電気信号をデジタル化して磁気的ないし光学的な媒体へ記録するように変化していった．近年，記録様式の多様化により，CD，MD 等の音楽専用メディアの用途，日常会話，会議・公演等の記録にも使われている．

ここでは，カセット磁気テープを例に録音，再生の方法を述べる．記録は，**図49** に示すように，記録媒体と磁気ヘッドとの組合せによって音声をマイクを通して音波の信号と同様な形を持った電気信号に変える．信号を短い時間に区切り，磁気ヘッドコアに巻かれたコイルに電流を流す．その結果，向きと大きさが違う磁界がコイルに発生する．この磁界は非常に微弱だが，コイルの内部に磁界に対する感度が非常に大きいヘッドコアと呼ばれる磁性体があり，これが発生した磁界に鋭敏に追随して磁化する．コア内の磁束は大幅に増加し，電流信号に対応した比較的大きな磁界となってヘッドギャップから漏れ出す．一方，記録媒体の表面には無数の磁性微粒子を高密度に含んだ磁性層があり，ヘッド付近を通過する(例えば，カセットテープではテープが回ってヘッドの位置にくる)時，磁性微粒子がヘッドギャップからの漏れ磁界によって次々に磁化される．漏れ磁界の出るヘッドの端は，電流の向きに応じてN極またはS極と変化し，記録媒体上に形成される磁化もこれに

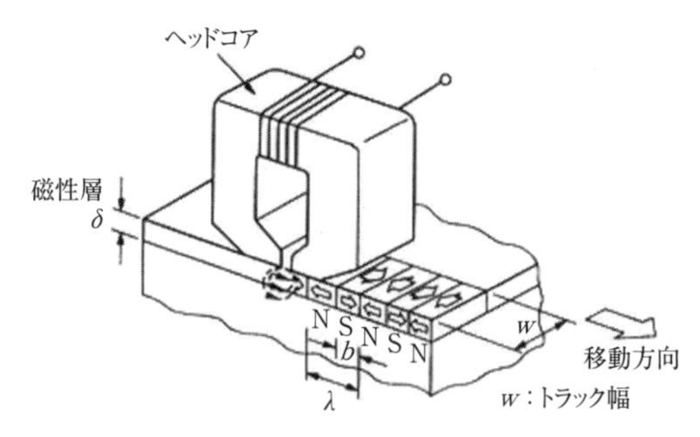

図 49　磁気記録過程のモデル図

対応して向きを変え，その境界でN極またはS極等の磁極が発生する．これが記録媒体の記録状態である．磁性層中において長さ b の異なる磁石が連続的に形成されたと見ることもでき，信号の時間的な変化が記録媒体上で長さの変化に変換されたことになる．音の記録では，人が聞き分けられる20 Hz ～ 20 kHzの信号が対象となる．カセットテープでは操作速度を毎秒4.76 cmに保ち，信号を直接記録する．テープ上に記録される b（**図49**参照）の長さは20 kHzで，最短の1.2 μmとなり，ぎりぎり対応可能である．

記録の再生時には，磁気ヘッドが記録媒体の記録によって生じた漏れ磁界を感知する．この時，ヘッドコアは通過する磁界で容易に磁化して，コイルを貫く磁束を変化させる．この磁束の変化によってコイルに電流が誘起され，信号が再生される．音声を再生する場合には，電気信号をさらにアンプとスピーカーによって音声信号に変換する．磁気ヘッドコアの感度（透磁率）が高い必要があり，単結晶のMnZnフェライト等が用いらる．

磁気記録媒体には，カセットテープ，ハードデイスク，磁気カード等がある．いずれも基本的原理は同じである．ハードデイスクの場合はアルミニュウム合金基板の上に，磁気カードの場合はプラスチック基板の上に，それぞれ磁性体が塗布または薄膜形成される．磁性体が塗布型の場合，γ-Fe_2O_3，Co-γ-Fe_2O_3，$BaO \cdot 6Fe_2O_3$等の酸化物系，薄膜型の場合，Co-Ni-O，Co-Cr，Co-Ni-P等の合金系の膜が主に用いられる．

ま と め　音声の録音は，音波の情報を記録媒体に記録する．カセット磁気テープの場合，記録媒体と磁気ヘッドとの組合せによって音波の信号と同様な形を持った電気信号に変える．磁気テープには，電気信号を磁性層中の異なる微小磁石を連続的に形成することによって電気信号と同様な磁石の形に記録する．記録の再生時には，磁気ヘッドが記録媒体の記録によって生じた漏れ磁界を感知して磁束が変化して電気信号に変換され，電気信号はアンプとスピーカーによって音声信号になる．

‥　79話　山びこの声はどうして戻ってくる？　‥

山びこの現象は，山の精あるいは山に棲む妖怪がその声を真似しているのだと考えられていた．そして，樹木の霊「木霊」が応えた声と考えて，木霊とも呼ぶ．山びこは，山や谷の斜面に向かって音を発した時、それが反響して遅れて返ってくる現象を言う．例えば，目の前のパソコンに向かって声を発しても，声は戻ってこない．離れた人と会話をする時，せいぜい数100 m しか届かないのに，数km 離れた山から反響した声がなぜ届くのであろうか．

音波は，壁等の物体に衝突すると，その壁が音波と同じように振動する．そのため，その物体の振動によって再び音波が発生する．それで生じたものが反響である．物体の性質によって反響してくる音波は変化する．特定の周波数帯が弱まったり，振幅が小さくなったりする． 反響は，音波の自由端反射という現象である．

音速は毎秒340 m くらいあるので，目の前の物体に声を発しても，発した声と反射した声を聞き分けることができない．仮に2 km 離れた山から山びこが反射してきたとすると，戻ってくるのに12秒ほどかかる．普通，声は山肌で減衰されるはずだが，山の神様が答えているみたいである．人の聴覚は，人の声に敏感で，同じ音量であっても，他の音よりは小さい音量であっても聞こえる．さらに，山びこは自分が発した声が戻ってくるという知識があり，例えば「ヤッホー」なら「ヤッホー」だけに意識を集中するので，よけいに聞き取りやすくなる．人の声は意外と遠くまで届くことが実験で確かめられていて，10 km くらいでも条件次第では聞こえたという実験結果もある．ただし，会話となると，あらかじめどんな言葉が発せられるかわからないため，聞こえた音を脳の言葉の情報と照らし合わせ，何の言葉なのかを判断する必要がある．そのため，数km 離れた人同士の会話は困難である．

山びこの起こりやすい場所がある．ちょうど地形がパラボラアンテナの形に似ていて，ある点から放射された音を元の点に返すようになっているような場合等である．**図50** に山びこの反響の様子を示す．

山びこは山でなくても経験することがある．都市部でマイクによる行政から市民への連絡の場合，声がビル等に反射し，初めの声と反射した声とが重なり合い，聞き取りにくい場合がある．トンネルの中で声を発すると，返ってくる時間が短いのでエコーがかかったように聞こえる．電波も同じようにビル等に反射するが，音波も電波も波という点で共通している．

山びこと反対で，全く反響しない人工的な部屋を無響室と呼ぶ．無響室は，工業製品や家電製品の動作音測定や音響機器開発等に使用される．残響時間がほとんどゼロになり，周囲の音の反射具合に影響されずに音の発生または検出する音だけを測定できる．例えば，スピーカーの周波数特性，マイクロホンの指向性の測定等である．

図 50　山びこの反響の様子

無響室の構造は，グラスウールを針金の枠と薄い布で作った楔状の型の中に入れ，尖った方を部屋の内面方向にし，床，壁，天井に隙間なく多数設置したものが一般的である．その場合，床はすのこ状の鉄枠等で浮かす．グラスウールは単体でも優秀な吸音材だが，楔状にすることにより，楔面に到達した音波が隣り合う楔の表面で反射を繰り返すたびに減衰し，さらに吸音効果が大きくなる．

ま と め　音波は壁等の物体に衝突すると，その壁自体が音波と同じような形に振動し，その物体の振動により再び音波が発生する．これによって生じるものが反響である．山や谷の斜面に向かって音を発した時，それが反響して遅れて返ってくる現象を山びこと言う．音速は毎秒 340 m くらいなので，2 km 離れた山から声が反射してきたとすると，約 12 秒かかって戻ってくる．全く反響しない人工的な部屋は無響室と呼ばれ，反射が減衰するような構造で吸音材料を用いて吸音効果を大きくしている．

・・ 80話　救急車が通り過ぎるとなぜ音が変わる？ ・・

救急車が通り過ぎると音が変わるのを経験することがある．音源が動いているときに音の周波数が変化する現象をドップラー効果と言う．例えば，救急車が時速60 km/hで走っているとすると，救急車は1秒に約17 m 進む． 救急車が近づいてくるとき，音は1秒に約 340 m 進むため，5 %(17/340)波が圧縮される．遠ざかるとき，逆に5 %伸張されることになる．つまり，周波数で10 %の違いが生じる．救急車のピーポーの周波数は960 Hzと770 Hzで，音階でいうと‘シ’(987 Hz)と‘ソ’(783 Hz)に近い．絶対音階を持っている人は，音を出しながら自分に近づいて通り過ぎていくものがあると，その速度がわかることになる．

ドップラー効果は，音源が動く場合だけでなく，観測者が動く場合も起こる．観測者が音源に近づけば振動数が大きくなり，観測者が音源から遠ざかれば振動数が小さくなる．この現象は以前から知られていたが，1942年，オーストリアの物理学者ドップラーが以下のように数式化した．観測者も音源も同一直線上を動き，音源sから観測者rに向かう向きを正とすると，観測者に聞こえる音波の振動数f'は，

$$f' = f(V - V_r)/(V - V_s) \tag{14}$$

となる．ここで，fは音源の周波数，Vは音速，V_rは観測者の動く速度，V_sは音源の動く速度である．**図51**に救急車の前と後ろで聞く人の音の周波数を示す．

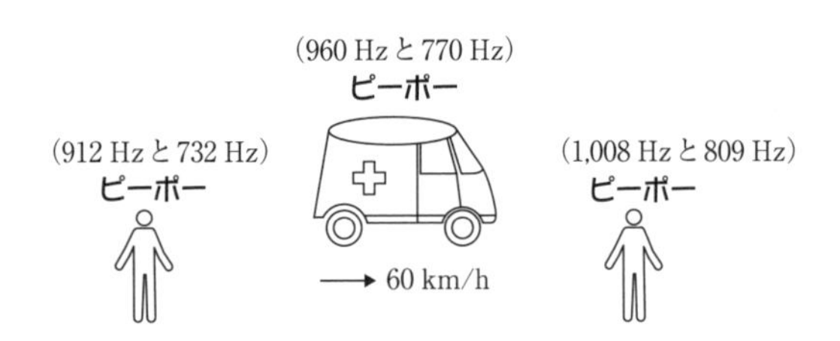

図51　救急車の前と後ろで聞く人の音の周波数

ドップラー効果を利用して運動する物体の速度を測定することができる．運動する物体に向けて電磁波を照射し，物体による反射波を測定する．物体が運動している時はドップラー効果によって反射波の周波数が変化する．これと発射波の周波数

を比較することで，物体の運動の速さを算出する．電磁波を利用して測定するため，対象物の運動が光速を超えない限り理論的には計測が可能である．ドップラー効果を利用した速度計は，自動車の交通違反取締りや野球の投手が投げる速度測定に使われている．

自然界には超音波を活用している動物がたくさんいる．その中でも有名なのがコウモリやイルカである．コウモリは超音波を発信し，そのエコーを検知することで障害物を認識して飛行している．ドップラー効果を手足のように使っている．イルカは，暗い海の中でも餌となる魚を探すことができる．イルカは人の耳には聞こえない音(超音波)を出し，山びこのように戻ってきた音をキャッチしている．

光の場合でも同様な効果がある．朝焼けが夕焼けほど赤くないのは，光のドップラー効果による．地球の自転によって朝は太陽と相対的に近づいており，夕方は相対的に遠ざかっている．近づく光の波は圧縮されるので青っぽく見え(青方偏移)，遠ざかる光の波は赤っぽく見える(赤方偏移)．朝夕，光は斜めに来るので，通ってくる空気の層が長くなり，朝方には青い光はレイリー散乱によって散乱して赤く見え，夕方にはそれが強調して見える．

光のドップラー効果によって，恒星等の天体の可視光スペクトルに見られる吸収線の波長の理論値とのズレ(ドップラー・シフト)から地球とその天体との相対速度を算出できる．その一例として太陽と銀河 BAS11 のスペクトルから赤方偏移が観測されている．吸収線の位置の変移を測定することで光源の視線方向の後退速度を計算し，宇宙が膨張していることが示されている．

まとめ　音源が近づいている時，音波が圧縮されるので音の周波数が増加し，音源が遠ざかる時，音波が伸張されるので音の周波数が減少する．そのため，救急車が通り過ぎると音が変わる．この現象をドップラー効果という．ドップラー効果は，音源が動くだけでなく観測者が動く場合も起こる．観測者が音源に近づけば振動数が大きくなるし，観測者が音源から遠ざかれば振動数が小さくなる．光にもドップラー効果があり，宇宙観測等に応用されている．

‥ 81話　音の反響を利用して餌を取る動物は？ ‥

動物自身が発した音が何かにぶつかって返ってきたものを受信し，それによってぶつかってきたものとの距離を知ることを反響定位と言う．それぞれの方向からの反響を受信すれば，そこから周囲のものの位置関係，それに対する自分の位置を知ることができる．音に関する感覚であるが，聴覚よりも視覚に近い役割である．

周囲の位置関係を知ることは，動物が動きながら餌を求めるのに最も重要な感覚である．光は伝達速度が速く，到達距離が長く，波長が短いため，多量の情報を素早く遠くに伝えるには適している．それでも音がそれに代わって用いられるのは，光が利用できない条件下においてである．その場合，波長が短い方が情報量は多く，高い音ほど有用で，人の可聴領域以上の音，すなわち超音波が用いられる．

ただし，これらは空気中のことである．土中ではそもそも光は通らない．水中では光は強く水に吸収されるため，100 m 先も見通せない．それに対して，音は水中では空中より遥かに速く伝達する．空気中での音の伝達速度は 340 m/s 程度だが，水中では 1,500 m/s 近く，土中ではさらに速くなる．気体の場合は分子が疎らにしか存在していないのに対し，水中や土中では分子が密に存在しているため，音波の振動が伝わりやすい．水中である程度以上の遠くを見通す必要がある時，光は役に立たず，音波の方が有効である．海洋で水深を測定する時も音波が利用され，魚群探知機も音波の反射によって魚の群れの位置を探す．反響定位の原理の応用である．

音の反響を利用して餌を取る動物で有名なのは，哺乳類でありながら空を飛べるコウモリである．コウモリ類には大きく2つの群があり，大型で果実食のオオコウモリ類は大きな目を持ち，視覚に頼って生活する．反響定位を用いるのは，小型で昆虫食が中心の小型コウモリ類の方である．小型コウモリ類の目はごく小さく，耳が薄くて大きい．多くは空を飛びながら飛んでいる昆虫を捕獲している．高速で空中を飛ぶもの，木の枝の間をひらひらと飛びながら虫を探すものがいるが，いずれの場合も反響定位に頼って飛行する．実験的に室内に針金を張り巡らせ，その中を飛ばせると，針金にぶつからずに飛び回ることができる．**図 52** にこうもりが利用する反響定位を示す．

コウモリは，口から間欠的に超音波の領域の音を発し，それによって周りの木の枝や虫の位置を知る．虫を捕らえる直前は，音を発する頻度が高くなる．コウモリ

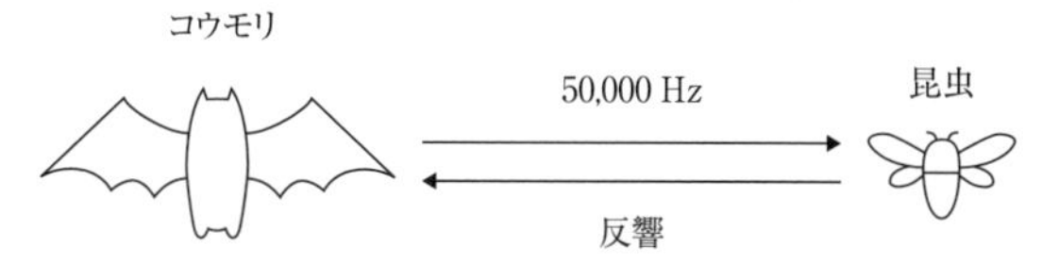

図52　コウモリが利用する反響定位

の餌の一つであるガの中には，コウモリの発する音を聴くための耳を持ち，超音波音を捉えると，羽を閉じてストンと落下するなどの行動をとるものもいる．

夜行性の鳥にも反響定位を行うものがいる．南アメリカの洞窟に暮らすアブラヨタカは，反響定位に人の可聴領域の音を使っているため，洞窟内に入るとやかましいそうである．この鳥は目もよく発達しており，夜，洞窟外に出て果実を食べる．また，アナツバメ類にも洞窟に巣をつくるものいて，反響定位を利用している．

水中では，一部のクジラ類が反響定位を行うことが知られている．ハクジラ類は，頭部にメロンという脂肪組織の塊を持ち，これが鼻腔で発した音波を屈折させ，収束させるレンズとして機能して指向性の高い音波の発信をしていると言われる．音波を発信し，反響してきた音波で餌の魚の位置を知る．音波の受信は，眼の後方にある耳孔ではなく，下顎骨を用いて行い，ここから骨伝導で内耳に伝えられる．クリック音と言われる超音波を発し，これによって反響定位や仲間との交信を行っている．一説によれば，1,000 km 離れた仲間ともやり取りできるとも言われる．

ま と め　小型コウモリは，口から間欠的に超音波の領域の音を発し，その反響によってガ等の位置を知って捕らえる．ガの中には，超音波音を知覚して羽を閉じてストンと落下する回避行動をとるものがある．ハクジラ類は，頭部に脂肪組織のかたまりを持ち，これが鼻腔で発した音波を屈折させ，収束させるレンズとして機能し，指向性の高い音波の発信をしている．音波を発信し反響してきた音波で餌の魚の位置を知る．

第 13 章　宇宙と空気

‥　82話　地球以外の惑星に空気はある？　‥

地球型惑星と木星型惑星では，地殻および大気の構成が大きく異なっている．違いの主要な原因は，太陽からの距離とその後の進化の過程にある．太陽に近い地球型惑星は温度が高く，大量の水素，ヘリウム等の軽いガスをつなぎ止めておくことができなかったのに対し，木星型惑星は，Tタウリ段階と呼ばれる太陽風の多くの吹き出しによる惑星からの大気の剥ぎ取りの影響を受けなかった．その結果，地球型惑星は小さいが，密度が高い地殻を持ち，二次大気を持っている．木星型惑星は大きいが，密度の低い成分からなり，水素，ヘリウムを主成分とする大気を持っている．太陽に近い水星，金星，地球，火星が地球型，木星，土星，天王星，海王星が木星型に分類される．

太陽からの距離等の条件のもと，それぞれの惑星に独自の気体がある．水星には大気はほとんどなく，地球の衛星の月にも大気はない．水星は重力が小さく，長く大気をとどめておくことは難しい．水星の気圧は 10^{-7} Pa 程度と推測され，その主成分は水素，ヘリウムである．月も重力が小さく，長く大気をとどめておくことはできず，ガス放出に伴う気体があるだけである．ガス放出は，地殻やマントル中の放射性崩壊によってラドンやヘリウム等の成分，もう一つは，流星塵や太陽風等の月面への衝突による成分である．地球型惑星を取り巻く大気の組成を**表8**に示す．

表8　地球型惑星の大気の組成［体積(%)］

	金　星	地　球	火　星
窒素	1.8	78.09	2.7
酸素	0.0001以下	20.95	0.13
アルゴン	0.02	0.93	1.6
二酸化炭素	98.1	0.035	95.32
一酸化炭素	0.004	微量	0.08
水	0.1以下	0〜2	微量

太陽系で太陽に2番目に近い惑星，金星の大気圧力は90気圧である．大気の組成はほとんど二酸化炭素である．硫酸でできた何kmもの厚さの雲の層があり，これらが金星表面を完全に覆い隠している．この大気はとても大きい温室効果を及ぼし，表面温度が500℃にも達する．1989年に打ち上げられた探査機マゼランが地球に送ってきた情報によると，金星の高度50km以上からは，気圧と気温が地球と似ている．高度52.5kmと54kmの間の気温は37℃と20℃で，高度49.5kmの気圧は地球の海抜0mとほぼ同じである．

火星は非常に薄い大気を持っている．二酸化炭素(95.3%)が大気の大部分で，窒素(2.7 %)，アルゴン(1.6 %)，ごく微量の酸素(0.13 %)と水蒸気(0.03 %)からなる．火星地表面での平均気圧はわずか約 7 hPa で，地球の 1 %以下である．

木星型惑星の木星，土星，天王星，海王星のいずれも，地球より直径で 4 倍以上，質量で 10 倍以上のサイズで，密度の小さい惑星である．木星は，中心に様々な元素が混合した高密度の中心核があり，その周りを液状の金属水素とヘリウム混合体が覆い，その外部を分子状の水素を中心とした層，その外側を金属水素が取り巻いている．大気に相当するのは水素やヘリウムである．土星は，木星よりやや小ぶりながら構造はほぼ同じで，大気に相当するのは水素やヘリウムである．天王星は，コアのすぐ外側に水，アンモニア，メタンの 3 種類が混合した氷からなるマントルがあり，その外側を水素，ヘリウム，メタンの混合ガスが覆っている．

ま と め　地球と同じ空気があるかと言えば，ないというのが答である．しかし，大気は存在し，地球型惑星と木星型惑星では組成が大きく違う．地球型惑星である金星や火星では，二酸化炭素が大気の主成分で，あとは少量の窒素やアルゴンである．金星の大気圧は 90 気圧と大きく，その温室効果で表面温度が 500 ℃にも達する．火星の大気圧は 7 hPa と小さく，組成は金星と同様である．木星型惑星では中心部が固体状の水素で，大気は水素とヘリウムが主成分である．

‥ 83話　太陽には空気はある？ ‥

太陽は高温のガスでできていて，その成分のほとんどが水素，他にヘリウム等がある．地球と同じ空気はない．

太陽の中心には半径10万kmの中心核があり，密度は1.56×10^{5} kg/m^{3}と，水の150倍もある．その圧力は2,500億気圧，温度1,500万Kに達するため，物質は固体や液体ではなく，気体のような性質を持つ．太陽が発する光のエネルギーは，この中心核で作られる．熱核融合反応が起こり，水素がヘリウムに変換されている．1秒当たりでは約3.6×10^{38}個の陽子がヘリウム原子核に変化しており，これによって1秒間に430万tの質量が3.8×10^{26}Jのエネルギーに変換されている．このエネルギーの大部分はガンマ線に変わり，ガンマ線は周囲のプラズマ(陽イオンと電子の集合)と衝突，吸収，屈折，再放射等の相互作用を起こしながら次第に電磁波に変換され，数10万年かけて太陽表面にまで達し，宇宙空間に放出される．

太陽は，**図53**に示すように中心から順に中心核，放射層，対流層，光球，彩層，コロナで構成される．光球は，可視光で地球周辺から太陽を観察した場合の視野角とほぼ一致するため，便宜上太陽の表面としている．また，太陽中心から光球までを太陽半径の距離としてしている．光球には，周囲よりも温度の低い黒点，周りの明るい部分であるプラージュと呼ばれる領域がある．

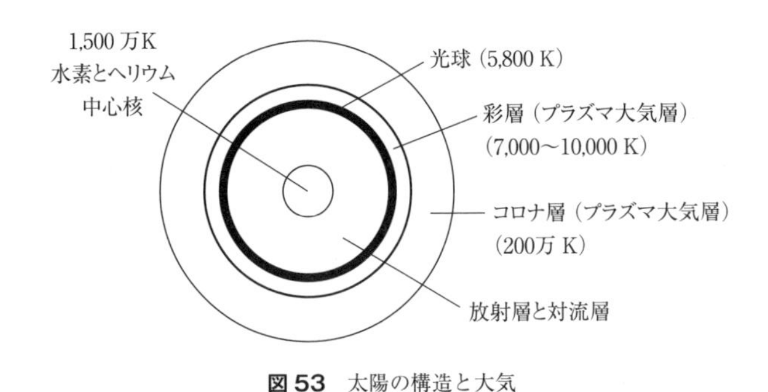

図53　太陽の構造と大気

太陽の放射層は，太陽半径の20〜70％の所，対流層は70〜100％の所にある．その外側の光球は，可視光を放出する太陽の見掛けの縁を形成する層である．

光球より下の層では密度が急上昇するため，電磁波を通さない．上の層では太陽光は散乱されることなく宇宙空間を直進するため，外からは光球が見える．光球の層は，厚さ 300 ～ 600 km と薄い．光球表面から放射される太陽光のスペクトルは約 5,800 K の黒体放射に近く，水素は原子状態で，これに電子が付着して負水素イオンになる．これが対流層からのエネルギーを吸収し，可視光を含む光の放射を行う．光球の粒子密度は約 10^{23} 個 /m^3 で，地球大気の密度の約 1 %に相当する．

光球よりも上の部分を総称して太陽大気と呼ぶ．太陽大気は，電波から可視光線，ガンマ線に至る様々な波長の電磁波で地球からの観測が可能である．光球の表面には，太陽大気ガスの対流運動がもたらす湧き上がる渦が作る粒状斑，超粒状斑，黒点と呼ばれる暗い斑点状，白斑という明るい模様が観察できる．黒点部分の温度は約 4,000 K，中心部分は約 3,200 K と相対的に低く，そのため黒く見える．また，スペクトル解析により黒点部分には水分子が観測されている．

光球表面の上には，厚さ約 2,000 km，密度の薄い温度が約 7,000 ～ 10,000 K のプラズマ大気層があり，この層からくる光には様々な輝線や吸収線が見られる．この領域を彩層と呼び，様々な活発な太陽活動が観察できる．

彩層のさらに外側にはコロナと呼ばれる約 200 万 K のプラズマ大気層があり，太陽半径の 10 倍以上の距離まで広がっている．コロナからは太陽引力から逃れたプラズマの流れである太陽風が出ており，太陽系を満たしている．プラズマ化した太陽大気の上層部は，太陽重力による束縛が弱いため，惑星間空間に漏れ出して海王星軌道まで及ぶ．太陽風は，オーロラの原因ともなる．コロナの太陽表面に近い低層部分は，粒子密度は 10^{11} 個 /m^3 程度で，自由電子が光球の光を乱反射するが，輝度は光球の 1/100 万と低いため普段は見えない．皆既日食の際には，白いリング状に輝くコロナが観察できる．

ま と め　太陽は，大部分が高温の水素ガスでできており，地球と同じ空気はない．中心部では熱核融合反応が起こり，水素がヘリウムに変換されていて，圧力が 2,500 億気圧，温度が 1,500 万 K に達する．太陽の縁を形成している光球より外側の部分を太陽大気と呼ぶ．光球の温度は約 5,800 K で，水素は原子状態でこれに電子が付着した負水素イオンになる．負水素イオンが内部の層からのエネルギーを吸収して可視光を含む光の放射をしている．光球の外側にはコロナと呼ばれる約 200 万 K のプラズマ大気層がある．

‥　84話　宇宙船が大気圏に突入する時なぜ発熱？　‥

気体には，圧縮すると熱が発生し，膨張すると冷えるという性質がある．地球帰還時に秒速8 km程度の超高速で大気圏に突入する宇宙船は，すごい勢いで前方の空気を圧縮する．その圧縮された空気中の分子同士が激しくぶつかり合い，今まで持っていた分子の運動エネルギーが膨大な熱に変化する．気体の圧縮によって熱が発生する過程を断熱圧縮と言う．宇宙船が大気圏に突入する時の熱は，空気との摩擦による熱ではない．断熱圧縮による熱発生は，自転車の空気を入れる時のタイヤの発熱，山から吹き降ろすフェーン現象で温度が上がるのと同じ原理である．

有人宇宙船では，進行方向に対し斜めの姿勢をとるなどして，大気で揚力を発生させて滑空することで速度や高度を調整し，温度上昇を防ぐと同時に，宇宙飛行士に掛かる加速度を軽減するのが一般的である．それでも，軌道上を8 km/s程度の速度で回っていた宇宙船が大気に突入すると，その先端部は空気を押し潰すように圧縮する．この圧縮された空気は超高温状態になり，10,000 Kを超えることもある．その時，空気を構成する酸素分子がまず解離し，次に窒素分子の解離，微量のアルゴン原子が電離する．解離した酸素，窒素原子は一部電離し，化学反応で一酸化窒素が生成し，オレンジ色の光を発する．そのため，大気圏に再突入する宇宙船は，オレンジ色の火の車に乗って地球に帰還することになる．アポロ宇宙船の頃や初期のスペースシャトルにおいても，再突入時に宇宙船が電離したプラズマに囲まれている間は，電波障害のため外部との通信が不可能となっていた．データ中継衛星の整備後は，スペースシャトルの再突入時でもプラズマの希薄な機体上方のアンテナを使い，静止軌道のデータ中継衛星を介した通信が可能となっている．

NASAが公開した宇宙船Orionの大気圏再突入時の映像によると，超高温で発生するプラズマの光やパラシュートが開く様子，太平洋への着水の瞬間までを宇宙飛行士の視点で収めている．Orionは，アポロやソユーズと同じカプセル型の形状をしている．将来的には小惑星や火星の有人探査も視野に入れて開発が進められている．初の試験飛行は無人で行われ，地球を2周した後，太平洋へと帰還した．Orionが時速3万2,000 kmで大気圏に突入すると，初めは黒かった宙空に次第に光が生じ，やがてそれは激しく揺らめくプラズマとなり，黄色がかった白色から濃い赤，そして金色へと変化する．プラズマが消え去ると，機体は緩やかに回転しながら高度を下げ，数分間が過ぎたところで黒かった空が青色へと変化する．これは空気の分子が太陽光を散乱させるレイリー散乱による現象で，地上から見るのと同じ青空が見えている．そして，高度 7,000 m まで降下したところで，Orion はパラシュートを開いて最終的には時速 32km 前後で着水している．

この再突入時，宇宙船は放射と境界層を通しての熱伝達で加熱され，宇宙船は先端から融けてアブレージョンが起こる可能性がある．アブレージョンは，材料の表面が蒸発，侵食によって分解する現象のことである．材料が気化する時の気化潜熱によって冷却する．アブレージョンを防ぐため，アポロ指令船の底面は熱容量の大きなポリカーボネート樹脂層で，そして，スペースシャトルでは耐熱タイルで覆われている．しかし，2003 年のスペースシャトルコロンビア号の事故では，耐熱タイルの脆性による剥離が原因で再突入時に空中分解し，乗組員 7 名全員が死亡する原因となった．

大気圏再突入は，宇宙開発の最終的な技術の難関で，熱防禦技術はいまだ成熟していない．低軌道の人工衛星等では制御が可能で，回収の必要がないものやできないものは役目を終えるとスペースデブリの発生源にならないように再突入させられる．この場合，故意に突入角度を深くとり，地表に落下する前に燃え尽きるようにすること，たとえ破片が残っても海等へ落下させることが求められる．そして，地球の低周回軌道上の制御を失った衛星やロケットの上段もいずれは空気抵抗により大気圏に再突入し，地球に落下するが，どこに落ちるかはわからない．

ま と め　気体は圧縮すると，熱が発生する性質がある．宇宙船の地球帰還時，超高速で大気圏に突入すると，前方の空気を強く圧縮し，空気分子の運動エネルギーが熱に変わる．圧縮された空気は1万 K を超える超高温状態になり，空気の分子を解離，電離し，化学反応でオレンジ色の光を発する．宇宙船の大気圏再突入時の熱防禦技術は，宇宙開発技術の難関で，いまだ十分には成熟していない．

‥ 85話　宇宙ではなぜ宇宙服を着る？ ‥

宇宙船から宇宙服を着ないで人が宇宙空間に出たと仮定する．超高真空，極低温，強い太陽光，太陽風や宇宙線等の放射線等の環境に曝されることになる．そうすると，窒息，心臓麻痺，チアノーゼ(減圧症)，太陽光線による火傷，放射線被曝，凍傷等により死亡すると考えらる．

まず，宇宙空間では空気がなく，窒息する．そして，個人差があるが，心臓麻痺になる．潜水病と同じチアノーゼになる．チアノーゼは，血液中に溶けている窒素が気化して毛細血管に詰まり，全身の組織(脳，内蔵，筋肉)が壊死していく現象である．体に掛かる圧力が急激に下がることで起きる．それから，太陽からの直射日光で火傷し，宇宙線や太陽風，また太陽からの放射線で被曝の症状が出る．ここでの被曝の症状は急性放射線障害のことで，皮膚の組織が細胞レベルで破壊され，火傷と同じような状態になる．

宇宙服は，宇宙飛行士が宇宙空間で安全に作業するための生命維持装置を備えた気密服で，圧力制御，温度制御，呼吸制御を行う．

圧力制御では，宇宙服の内側から外へ物質が出ないようにし，飛んでくる宇宙塵や気圧差に耐えられる強度が要求される．大気圧潜水服のように内部が1気圧で活動できる硬式の宇宙服も検討された．船外に出る際に与圧の必要がない利点があるが，重量が300～500 kgもあり，宇宙服としては用いられていない．現在，アメリカの宇宙服は内圧が0.3気圧，ロシアの宇宙服は0.4気圧で，宇宙飛行士は船外活動の前，何時間もかけて少しずつ低い圧力に慣れる必要がある．

温度制御では，宇宙服内にチューブを張り巡らせた液体冷却服を着用し，そこに冷却水を通す．通常の衣服では人体から発生した熱は衣服内の空気を暖め，暖かい空気は対流により外へ逃げるが，閉鎖系の宇宙服は，暖められた空気を外に出すことができない．宇宙服の内部に熱が溜まると，温度が上がって人にとって危険な状態になる．また，宇宙空間は太陽の光が当たっている所は100 ℃以上，当たっていない所は−100 ℃以下と大きな温度差があり，高い断熱性と温度制御が求められる．そのためチューブ中に冷却水を通し，宇宙服中を強制的に冷やして温度制御している．

呼吸制御では，呼吸制御装置により酸素の供給を行うようになっている．人は呼吸代謝により酸素を取り込み，二酸化炭素を排出するが，呼吸制御装置では，人の呼吸によって増えた二酸化炭素をカートリッジで吸い取り，減少した分だけの酸素を酸素ボンベから補給し，宇宙飛行士に送るようになっている．

船外活動時，宇宙服内は0.3～0.4気圧の圧力となっているが，周囲が真空のため服がパンパンに膨らみ，身動きがかなり大変である．アレクセイ・レオーノフが史上初めて宇宙遊泳を行った際，宇宙服が風船のように膨張し，命綱をたぐり寄せて船内に戻るのが予想以上に困難であった．NASAの船外活動に用いられている宇宙服EMUは，宇宙服本体と背中に背負う生命維持システム，TVカメラと照明装置からなっている．EMUは，運用圧力0.3気圧，重量約120 kg，活動時間はおよそ7時間程度である．ロシアのオーラン宇宙服は，約0.4気圧とEMUよりも若干圧力が高いため作業性は劣るが，作業準備時間が短縮できる利点がある．EMUが1人では装着できないのに対し，オーラン宇宙服は背中の扉を開いて中に入るタイプで，1人でも装着できる．**図54**に宇宙服の状態を示す．

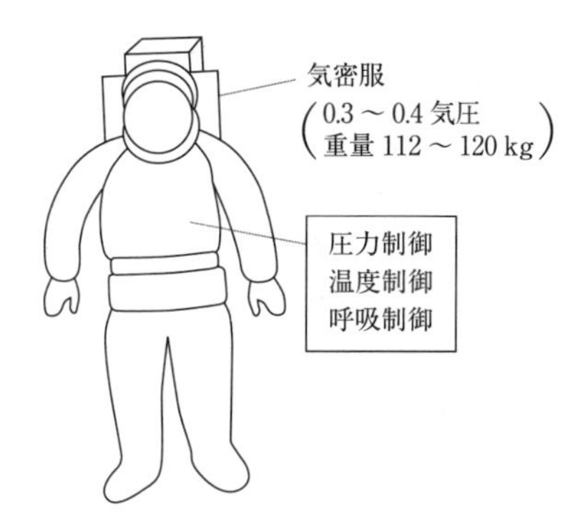

図54　宇宙服の状態

ま と め　宇宙空間では超高真空，極低温，強い太陽光，太陽風や宇宙線からの放射線等の過酷な環境に曝され，宇宙服なしでは人は生きていけない．宇宙服は，宇宙飛行士が宇宙空間で安全に生存するための生命維持装置を備えた気密服で，圧力制御，温度制御，呼吸制御を行っている．宇宙服は内圧を0.3～0.4気圧に制御し，冷却水を通して内部を温度制御し，呼吸制御装置により酸素の供給を行っている．

‥ 86話　宇宙船内の空気はどのように管理されている？ ‥

宇宙船内の宇宙飛行士たちの様子は，地球上と同じように活動しているように見える．宇宙ステーション内の空気は，地球上とほとんど同じである．その空気は地球から運ばれたものである．

国際宇宙ステーションは，空気が漏れないように造られているが，宇宙飛行士が船外に出たり，宇宙船がドッキングする際には，少しずつ宇宙に漏れる．そのため，スペースシャトルは，食料等の宇宙生活に必要なものとともに，空気を作るための酸素と窒素のタンクを運んでくる．そのため，宇宙船内は，地球上の空気と同じく酸素 21 %，窒素 79 %になるよう保たれている．

有人宇宙船では，宇宙飛行士の生命の安全を脅かす致命的な事故として 3 つ想定されている．火災，有毒ガス，それに減圧の発生である．この中の減圧ついては，呼吸用の空気損失に伴う補給量の増加にも関連していて，漏れは最小限に抑える必要がある．打ち上げ前の漏れチェックは厳重に行っている．減圧の主な原因は，船内と船外を仕切っている個々のシール部が損傷するような故障，打上げ時や軌道上で発生する荷重による構造破壊，隕石や人工の小物体の衝突が考えられる．

2004 年正月明けの国際宇宙ステーションで，原因不明の気圧低下が発生した．空気漏れ探したところ，地球観測用窓のホースの継ぎ手であることが突き止められた．窓ガラスは 2 重になっていて，ホースは窓が湿気により曇った時，外の真空を利用して空気を外へ出すために設置されたものである．地球観測を行う時，宇宙飛行士は窓に顔を近づけるが，ふわふわしている姿勢を安定させるため手すりの代わりにこのホースを無意識に手で掴み，引っ張ったため，継ぎ手に接続しているホースに亀裂が入り，空気が僅かずつ外に漏れ出していた．ホースを窓より取り外したところ，気圧低下はぴたっと止まった．

宇宙船の中には空気を浄化する装置があり，宇宙飛行士が吐き出す二酸化炭素を取り除く．将来は地球から空気を運ばなくても，船内の空気をリサイクルできるよう研究が進められている．人が宇宙で生活するには，水，空気(酸素)，食料の自給自足ができる環境が必要である．そのため，JAXA では，水と空気とゴミを再利用する技術開発を行っている．人がものを食べれば排泄があり，呼吸をすれば二酸化炭素を排出し，水を使えば廃水があり，人の生活には必ず廃棄物が発生する．地球では，排泄物を微生物が分解し，それが植物の栄養となり，その植物を人間や動物が食料として摂取する，という物質の循環がある．JAXAでは，このような地球の環境を人工的に宇宙で造ることを計画している．どんな種類，どんな性質のゴミ（有機物／燃えるゴミ）も短時間で確実に分解する．現在のゴミ，環境問題にもすぐに役立つ技術である．

人が宇宙に長期滞在するためには，空気のリサイクルが必要である．現在は，地上から国際宇宙ステーションに酸素を運び，化学的な吸収剤を使って人が排出する二酸化炭素を吸収している．6名の宇宙飛行士が半年間宇宙に滞在した場合，吸収剤は1トン以上が必要になり，輸送コストが掛かるという問題がある．そこで，空気再生装置を開発中である．まず，人が出した呼気から二酸化炭素を分離し，その二酸化炭素を水素と反応させて水を生成する．この水は飲料水にも利用できるが，電気分解によって酸素を作り出すこともできる．この酸素をまた人が吸って二酸化炭素を吐き出す，ということでうまく循環していく．

また，藻類の一種であるスピルリナを使った光合成による空気洗浄技術の研究も行っている．スピルリナは35億年以上前の化石の中から見つかり，地上に最初に誕生した生命体の仲間だと言われている．もともと地球は，今の火星のように二酸化炭酸が多く，酸素はなかったが，スピルリナのような藻類が酸素のある大気を作ったと言われている．スピルリナはとても光合成能力が高く，たくさんの酸素を出す．これを使って二酸化炭素を酸素に変え，二酸化炭素を減らすことができれば，温暖化の要因となっている温室効果ガスの低減にも貢献できるはずである．

まとめ　宇宙ステーションの中の空気は，地球上の空気とほとんど同じである．宇宙飛行士が船外に出たり，宇宙船がドッキングする時に空気が少しずつ宇宙に漏れる．酸素と窒素のタンクを地上から運んできて，漏れを含め酸素21%，窒素79%となるよう保たれている．宇宙船の中には空気を浄化する装置があり，宇宙飛行士が吐き出す二酸化炭素を取り除く．空気の漏れは重大な問題で，打ち上げ前の漏れチェックを厳重に行っている．長期の宇宙滞在が可能となるよう食料，水，空気の循環利用の研究もされている．

‥ 87話　宇宙から見た地球は何色？ ‥

「地球の色は青かった」と宇宙飛行士第1号のユーリー・ガガーリンは言っている．地球表面の70％は海に覆われ，宇宙から青く見える所は海である．海，湖等の深い水の層がある所は青色に見える．なぜ，深い水の層は青く見えるのであろうか．

可視光の色には赤，橙，黄，緑，青，藍，紫まである．水の層が赤の光を吸収すると，人の眼には赤い色が欠けた光が届くことになる．赤色が欠けた光は，人の眼には青色に見える．水の分子は，伸びたり縮んだりして振動している．この伸縮振動によるエネルギーは赤外線領域にあり，赤外吸収スペクトルでは測定できるが，人の眼には見えない．水の中では，この伸縮振動による振動数の3倍や4倍に当たる振動も，弱いが起こっている．3倍音と変角振動が結合した結合音，4倍音による振動の寄与は，波長領域にして680～760 nmに幅広く現れ，赤色の光に当たる．これは，バイオリンの弦等で発生する倍音(基本振動の整数倍)と同じような現象である．赤色の光が水によって弱く吸収され，抜けた残りの光が人の眼に届き，水の層が存在すると青く見える．コップの水は透明であるが，これは赤色の光が水によって弱くしか吸収されないため，水の層の厚さが薄いと青く見えない．

さらに，太陽光が空気の分子や，空気中のちり等に当たって青系統の光が赤系統の光より強く散乱するレイリー散乱によって，地球全体は青っぽく見える．国際宇宙ステーション(ISS)から見た日没時の地球は，対流圏の空は，夕焼けのため黄色やオレンジ色に見えるが，高度の高い空は青色に見える．これはレイリー散乱に伴う空気の散乱によると考えられる．

ISSは，地上約400 km上空に建設された巨大な有人実験施設である．1周約90分というスピードで地球の周りを回りながら，実験・研究，地球や天体の観測等を行っている．完成後，10年間以上使用する予定である．ISSの施設の一部に日本初の有人宇宙施設の「きぼう」がある．飛行士が様々な実験をする船内実験室，実験資材等を収納する船内保管室，宇宙空間での船外実験プラットホーム等からなり，最大4人が働ける．

ISSからは，地球の各地の鮮明な映像を届けられる．そこから見た地球は青一色ではなく，各場所の特徴のある様々な景色を見せてくれている．茶がかった灰色に囲まれた白雪の富士山頂，白雪に覆われたシカゴ，青と白のバイカル湖，薄茶と青の大西洋に面した西サハラ砂漠，闇夜の中に橙色に光るブリュッセルとアントワープ市街，茶と青のコントラストのジブラルタル海峡，青，緑，赤に光る北極圏のオーロラ，白い渦巻きを見せる台風の眼等，地球のいろいろな色を見せてくれる．**図55**は，2014年7月9日にISSから撮影された琉球列島付近にあった台風8号の眼である．

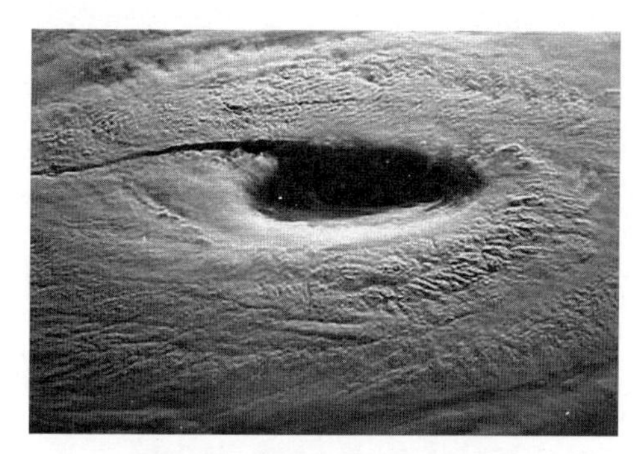

図55　2014年の台風8号の眼

ま と め　地球の色は海の色を反映して青く見える．深い水の層がある所は水の層が赤の光を吸収し，赤色が欠けた光は人の目には青色に見える．水の分子の伸縮振動によるエネルギーは赤外線領域にあるが，この伸縮振動の3倍音と結合音が主に寄与して赤色の光にあたる．さらに，空気の分子が青系統の色を強く散乱するレイリー散乱によって地球全体が青っぽく見えている．国際宇宙ステーションからの映像は青一色ではなく，茶色，灰色，白，橙色，緑，赤等の地球上の様々な色を見せてくれている．

空気のはなし－科学の眼で見る日常の疑問　　定価はカバーに表示してあります.

2016年4月4日　1版1刷　発行　　ISBN978-4-7655-4480-1 C1040

著　者　稲場　秀明
発行者　長　滋彦
発行所　技報堂出版株式会社

〒101-0051 東京都千代田区神田神保町 1-2-5
電　話　営業　(03)(5217)0885
　　　　編集　(03)(5217)0881
　　　　FAX　(03)(5217)0886
振替口座　00140-4-10
http://gihodobooks.jp/

日本書籍出版協会会員
自然科学書協会会員
土木・建築書協会会員

Printed in Japan

装幀・田中邦直　　印刷・製本　愛甲社